陈洋波　编著

东南亚国家
洪涝灾害研究

DONGNANYA GUOJIA

HONGLAO ZAIHAI YANJIU

暨南大学出版社
JINAN UNIVERSITY PRESS

中国·广州

图书在版编目（CIP）数据

东南亚国家洪涝灾害研究/陈洋波编著 . —广州：暨南大学出版社，2019.12

ISBN 978 - 7 - 5668 - 2633 - 6

Ⅰ . ①东…　Ⅱ . ①陈…　Ⅲ . ①水灾—灾害防治—研究—东南亚　Ⅳ. ①P426.616

中国版本图书馆 CIP 数据核字（2019）第 078516 号

东南亚国家洪涝灾害研究

DONGNANYA GUOJIA HONGLAO ZAIHAI YANJIU

编著者：陈洋波

出 版 人：徐义雄
责任编辑：冯　琳　詹建林
责任校对：王燕丽
责任印制：汤慧君　周一丹

出版发行：暨南大学出版社（510630）
电　　话：总编室（8620）85221601
　　　　　营销部（8620）85225284　85228291　85228292（邮购）
传　　真：（8620）85221583（办公室）　85223774（营销部）
网　　址：http://www.jnupress.com
排　　版：广州市天河星辰文化发展部照排中心
印　　刷：佛山市浩文彩色印刷有限公司
开　　本：787mm×1092mm　1/16
印　　张：12.25
字　　数：220 千
版　　次：2019 年 12 月第 1 版
印　　次：2019 年 12 月第 1 次
定　　价：49.80 元

（暨大版图书如有印装质量问题，请与出版社总编室联系调换）

前　言

东南亚地区有越南、老挝、柬埔寨、菲律宾、东帝汶、泰国、缅甸、马来西亚、新加坡、印度尼西亚、文莱共11个国家。东南亚国家地处热带和亚热带地区，特殊的地理位置及气候条件，使得该地区台风暴雨多发，极易引起洪涝灾害。该地区洪涝灾害发生的次数和灾害损失均为世界之最。随着全球气候变化的加剧和人类活动的不断加强，东南亚国家洪涝灾害呈现出进一步加强的态势。洪涝灾害已成为东南亚国家政府的一个心腹之患，科学合理地防治洪涝灾害，是该地区政府和各级组织的重要日常工作。

台风委员会（Typhoon Committee，TC）是亚洲及太平洋经济社会委员会（Economic and Social Commission for Asia and the Pacific，ESCAP）和世界气象组织（World Meteorological Organization，WMO）联合主持的一个政府间组织，目前有14个成员，包括中国、韩国、新加坡、日本、美国、泰国、越南、马来西亚、菲律宾、朝鲜、老挝、柬埔寨12个国家及中国香港、澳门2个地区。台风委员会的主要职能是改善和协调亚洲及太平洋地区防灾规划和措施，减轻自然灾害特别是台风造成的人员及财产损失。台风委员会成员多属发展中国家或地区，近年来所面临的一个共同问题是，因城市的快速发展，人口的快速增加，加上台风暴雨多发的自然因素，城市洪水灾害呈现多发态势，城市洪水灾害损失不断增加，影响了城市的正常和可持续发展。台风委员会决定开展亚太城市实时洪水预报与动态风险图系统（Operational System for Urban Flood Forecasting and Inundation Mapping，OSUFFIM）项目的研究工作，由笔者担任首席科学家，负责项目的研发工作。项目研究过程中，笔者通过台风委员会这一国际交流与合作平台，与大部分东南亚国家政府防洪减灾部门的技术人员开展了交流，包括泰国、马来西亚、越南、菲律宾和老挝，对这些国家洪涝灾害的情况有了基本的了解。

东南亚国家与我国山水相连，政府和人民长期往来，世代友好。这些国家也是"一带一路"沿线的重要国家。随着我国"一带一路"建设的不断推进和深入发展，我国和东南亚国家的交流和合作不断拓展，防洪减灾方面的交流与合作不断加强。笔者发现，目前对东南亚国家洪涝灾害及其防治措施进行系统介绍的书籍不多。为了弥补这一不足，笔者在前期开展亚太城市实时洪水预报与动态风险图系统研究的基础上，在广东省科技计划国际合作项目（2014A050503031），"十二五"科技支撑计划项目（2015BAK11B02）及国家自然科学基金项目（51379222）的支持下，系统收集和分析了东南亚国家中老挝、泰国、越南、马来西亚、菲律宾和印度尼西亚的洪涝灾害及防治措施的相关资料，并前往这些国家开展了实地考察，完成了本书的撰写。

本书主要有6章，分别介绍印度尼西亚、老挝、马来西亚、菲律宾、泰国和越南的洪涝灾害及防治措施。书中的资料来源主要是各国政府管理部门的官方网站，部分资料由合作单位提供。对于资料中较为模糊或不清楚的地方，均与合作单位技术人员进行了核对。少部分资料来源于第三方的公开数据，包括公开出版的论文、书籍等，力求资料的准确和完整。但由于笔者水平所限及资料来源的限制，部分资料难免存在不准确甚至错误的地方。如有发现此类情况，敬请向笔者反映，以便再版时更正。

目　录

第1章　印度尼西亚

1.1　国家简介

印度尼西亚共和国（Republic of Indonesia），通称印度尼西亚（Indonesia），简称印尼，位于亚洲东南部，陆地上与马来西亚、东帝汶和巴布亚新几内亚接壤，与新加坡、菲律宾、泰国和马来西亚隔海相望。横跨赤道，陆地面积约 190.4 万平方千米，海洋面积约 321.2 万平方千米（包括海洋专属经济区），人口 2.56 亿[1]（2015 年），是世界排名第四的人口大国。印尼全国有 100 多个民族，人口较多的有爪哇族（占总人口 45%）、巽他族（占总人口 14%）、马都拉族（占总人口 7.5%）和马来族（占总人口 7.5%）[2]，约 87% 的居民信奉伊斯兰教，是世界上穆斯林人口数量最多的国家。

印尼的矿产资源尤其是能源矿产较为丰富，石油、天然气、煤、锡、铝矾土、镍、铜、金、银等矿产资源的产量在东南亚均属首屈一指，其天然气储量约占世界总产量的 2.7%，居世界第十。此外，因印尼地处赤道，雨量充沛，植物资源也异常丰富，盛产各类珍贵木材。

印尼历史上最早的王国可追溯到公元 5 世纪，即加里曼丹东部的古戴王国和西爪哇的多罗磨王国[3]。7 世纪开始，印尼诸岛上出现了一系列封建王国，其中较为著名的有：7—13 世纪，在苏门答腊巨港附近的室利佛逝王国；8—9 世纪爪哇岛上的佛教国家夏连特拉王国；13 世纪以爪哇岛东部为中心的新柯沙里王国；13—16 世纪，统一了印尼的满者伯夷王国[4]。15 世纪开始，葡萄牙人、西班牙人和英国人纷纷侵入印尼群岛。1596 年荷兰殖民者入侵，并于 1602 年建立了具有政府职能的"荷兰东印度公司"，是欧洲殖民者在印尼的主要势力。1800 年，荷兰东印度公司解散，荷兰政府接管其属地，建立"荷属东印度"。1942—1945 年，日本人占领印尼。第二次世界大战后随着日本宣布投降，印尼的民族独立运动也达到顶峰，1945 年 8 月 17 日，苏加诺宣告印尼独立，建立了延续至今的印度尼西亚共和国。

印度尼西亚为总统制共和国，现行宪法为 1954 年制定的宪法，规定了"建国五基"[5]（又称为"潘查希拉"，即信仰民族主义、人道主义、神道、民主和社会公正），政治权力主要集中于中央政府。经济上，印尼是东南亚最大的经济体，各产业相对平衡，其工业、农业和服务业均在国民经济中占有重要地位。自 2004 年以来，印尼积极发展基础设施建设，整顿金融体系，引进外资，GDP 年均增长保持在 5% 左右[6]。

1.1.1　自然地理

印尼的经度范围为 95°E ~ 141°E，纬度范围为 11°S ~ 6°N，东西长约 5 100 千米，南北宽约 1 900 千米，是世界上岛屿最多的国家，被称为"万岛之国"。据印尼国家测绘局调查，印尼全国岛屿数量为 17 508 个，其中有人居住的岛屿超过 6 000 个[4]。在地理上，印尼主要有 5 个大岛，分别是爪哇岛、苏门答腊岛、加里曼丹岛、苏拉威西岛和新几内亚岛，这 5 个主要岛屿占印尼国土总面积的 92%。

印尼处于环太平洋地震带上，是全世界火山活动最为剧烈的国家之一，全国共有活火山 177 座[7]。除加里曼丹岛外，各大岛均有活火山，其中仅西爪哇岛就有活火山 30 余座[8]。除了火山，印尼的地震活动也非常频繁，如 2004 年印度洋发生里氏 9.3 级海底地震，地震及引发的海啸造成印尼约 17 万人死亡或失踪[9]。

1.1.1.1　地形

印尼的岛屿在地理上较为分散，通常来说，各岛屿的地形大多类似：内部是崎岖的丘陵或山地，沿海地区有小块平原，外围则被珊瑚和浅海环绕。5 个主要岛屿的具体情况如下：

（1）爪哇岛：南部是山地和熔岩高原，在山间有许多盆地，北部是大片平原。

（2）苏门答腊岛：山脉自西北向东南斜贯整个岛屿，其东北侧为丘陵和沿海冲积平原，平原的东侧多沼泽。

（3）苏拉威西岛：全岛大部分地区为山地，仅仅在靠近沿海之处有少数狭窄平原。

（4）加里曼丹岛：岛的内陆是山地，四周沿海地区为平原，岛的南部多沼泽。

（5）新几内亚岛：又称为伊里安岛，岛西部有东西走向的高山，大致将岛划分为南北两片平原，南部平原较为广阔，北部平原则相对狭窄。此外，该岛还拥有世界最高岛屿山峰——海拔 4 884 米的查亚峰（Carstensz Pyramid）。

1.1.1.2　气候

印尼是赤道附近的低纬度国家，国内主要气候类型为热带海洋性气候，其特点为温度高、雨量大、风力小、湿度大。近 100 年来气象资料数据显示，印尼的月平均气温为 25.7℃，月平均降水为 245.6 毫米。印尼全年温差较小，无明显四季变化，仅有雨、旱两季的差别（见图 1 - 1）。一般而言，10 月至次年的 3 月为雨季，此时西北季风由亚洲大陆吹向印尼，干燥的季风在经过大洋后变得饱含水汽，到印尼时易形成降雨。4 月至 9 月为旱季，此时东南季风由大洋洲吹向印尼，因其较为干燥，不易带来降水。在雨季和旱季过渡的时期（10 月和 4 月），风力较大，风向也极不稳定。

印尼年平均降水量为 2 000 ~ 3 000 毫米，各地降雨量与地理位置有很大关系，西部地区雨量通常大于东部地区。爪哇岛是世界上雷雨发生最为频繁的地区，平均一年有 220 个雷雨日[4]。

印尼的风力较小，一般在 3 级左右，极少出现风暴，也基本不受台风影响。因印尼是群岛国家，四周海域辽阔，故湿度非常高，平均湿度有 70% 以上，首都雅加达年平均湿度为 83%。

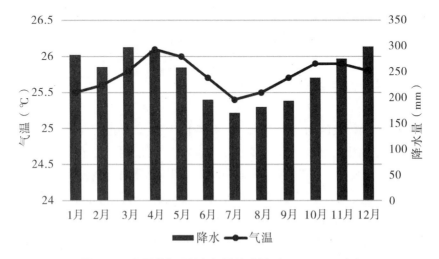

图 1 - 1　印尼多年平均气温及降水量（1900—2012 年）

（资料来源：世界银行[10]）

1.1.1.3　地表覆盖与植被状况

据统计，印尼主要地表覆盖类型有常绿阔叶林（Evergreen Broadleaf Forest）、农业镶嵌林（Cropland/Natural Vegetation Mosaic）、永久湿地（Permanent Wetland）、农田（Cropland）、热带多树草原（Woody Savannas）和稀树草原（Savannas），其比例分别为74.04%、14.26%、4.39%、2.84%、1.50%和1.28%。印尼大部分地区的地表覆盖类型为常绿阔叶林，农田和城镇主要分布在爪哇岛和苏门答腊岛的南部地区，这也是印尼经济最为发达的地区。

印尼全国植被覆盖率为65%，其森林总面积约1.43亿公顷（2010年）[11]，拥有丰富的植物资源，且由于地理差异的因素，印尼诸岛上生长的植被也存在一定差异。苏门答腊岛、新几内亚岛、加里曼丹岛上拥有大片的原始热带雨林，从高到低分布着从乔木到灌木的各种类型植物，层层叠叠，生态结构复杂。而爪哇岛的情况则略有不同，因其靠近南边的澳大利亚，旱季受到干燥的东南季风影响，故植被多为季节林，这一地区的典型树种为柚木。

1.1.1.4　土壤类型

按照联合国政府间气候变化专门委员会（IPCC）的一般土壤分类标准[12]，印尼国内主要土壤类型包括低活性黏土（LAC）、有机土（ORG）、高活性黏土（HAC）、湿地土壤（WET）、水体（WR）、沙质土（SAN）和火山土（VOL），占国土面积的百分比分别为42.06%、10.81%、32.88%、2.60%、1.65%、6.88%和3.12%。

1.1.2　行政区划

印尼全国行政区划分为四级，从高到低为省（特区）、市（县）、乡、村（寨）（见图1-2）。目前，印尼共有一级行政区34个，包括29个省和5个特区，正式特区有雅加达（Jakarta）首都特区和日惹特区（见表1-1）。除此以外，还有三个省份（亚齐省、巴布亚省和西巴布亚省）同样具有特区地位，一般也被视为特区。在印尼，市和县是平级的，通常市的面积较小且更注重商业发展。村和寨也是平级的，村相对而言享有更多行政权力。

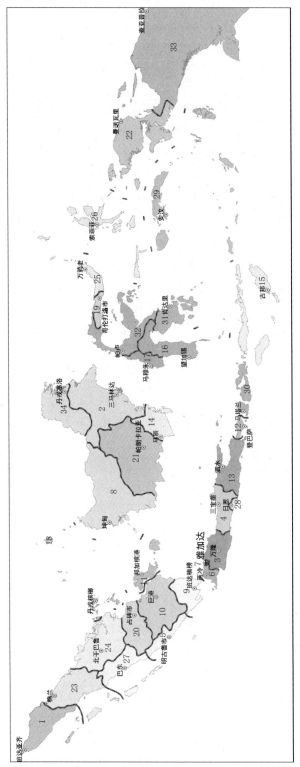

图1-2 印尼一级行政区划示意图

表 1 - 1　印尼一级行政区划统计数据

位置	编号	一级行政区划	中文译名	首府	2010 年人口（万人）	面积（平方千米）	备注
苏门答腊岛	1	Aceh	亚齐	班达亚齐	449.4	57 366	特区
	23	Sumatera Utara	北苏门答腊	棉兰	1 298.2	71 680	
	27	Sumatera Barat	西苏门答腊	巴东	484.7	42 297	
	24	Riau	廖内	北干巴鲁	553.8	82 232	
	18	Kepulauan Riau	廖内群岛	丹戎槟榔	167.9	21 992	
	20	Jambi	占碑	占碑市	309.2	53 436	
	11	Bangka - Belitung	邦加—勿里洞	邦加槟港	122.3	18 725	
	10	Sumatera Selatan	南苏门答腊	巨港	745.0	53 436	
	5	Bengkulu	明古鲁	明古鲁市	171.6	21 168	
	9	Lampung	楠榜	班达楠榜	760.8	35 376	
爪哇岛	6	Banten	万丹	西冷	1 063.2	9 161	
	7	Jakarta Raya	雅加达首都特区	雅加达	960.8	661.52	首都特区
	3	Jawa Barat	西爪哇	万隆	4 305.4	34 817	
	4	Jawa Tengah	中爪哇	三宝垄	3 238.3	32 548	
	28	Yogyakarta	日惹特区	日惹	345.7	3 186	特区
	13	Jawa Timur	东爪哇	泗水	3 747.7	47 922	
小巽他群岛	12	Bali	巴厘	登巴萨	389.1	5 633	
	30	Nusa Tenggara Barat	西努沙登加拉	马塔兰	450.0	19 709	
	15	Nusa Tenggara Timur	东努沙登加拉	古邦	468.4	47 876	
加里曼丹岛	8	Kalimantan Barat	西加里曼丹	坤甸	439.6	146 807	
	21	Kalimantan Tengah	中加里曼丹	帕朗卡拉亚	221.2	153 564	
	14	Kalimantan Selatan	南加里曼丹	马辰	362.7	36 985	
	2	Kalimantan Timur	东加里曼丹	三马林达	355.3	245 238	
	34	Kalimantan Utara	北加里曼丹	丹戎塞洛	62.2	71 176	

（续上表）

位置	编号	一级行政区划	中文译名	首府	2010 年人口（万人）	面积（平方千米）	备注
苏拉威西岛	25	Sulawesi Utara	北苏拉威西	万鸦老	227.1	15 364	
	19	Gorontalo	哥伦打洛	哥伦打洛市	104.0	12 215	
	32	Sulawesi Tengah	中苏拉威西	帕卢	263.5	68 089	
	17	Sulawesi Barat	西苏拉威西	马穆朱	115.9	16 796	
	16	Sulawesi Selatan	南苏拉威西	望加锡	803.5	72 781	
	31	Sulawesi Tenggara	东南苏拉威西	肯达里	223.3	38 140	
马鲁古群岛	26	Maluku Utara	北马鲁古	索菲菲	103.8	30 895	
	29	Maluku	马鲁古	安汶	153.4	46 975	
新几内亚岛	22	Papua Barat	西巴布亚	曼诺瓦里	76.0	115 364	特区
	33	Papua	巴布亚	查亚普拉	283.3	421 981	特区

（资料来源：印尼统计局[13]）

1.1.3　重要城市

印尼人口数量居全球第四位，是东南亚地区人口数量最多的国家。截至 2015 年，印尼人口已达 2.56 亿，其中都市人口占总人口数量约 44.6%，年增长率约为 1.7%[14]，可以预见，未来印尼将会有更多的人生活在城市地区。印尼首都雅加达市是全国城市化程度最高的地区，人口已超过 1 000 万人，而如果将城市周边的雅茂德丹勿（Jabodetabek）地区也纳入计算，则该地区总人口超过 2 800 万，是印尼最为发达的地区。印尼主要城市简况（2010 年）如表 1 - 2 所示：

表 1 - 2　印尼主要城市简况（2010 年）

排名	城市名称	所属省份	人口（万人）	排名	城市名称	所属省份	人口（万人）
1	雅加达	雅加达首都特区	9 607 787	11	南唐格朗	万丹省	1 290 322
2	泗水	东爪哇省	2 765 487	12	茂物	西爪哇省	950 334

（续上表）

排名	城市名称	所属省份	人口（万人）	排名	城市名称	所属省份	人口（万人）
3	万隆	西爪哇省	2 394 873	13	巴淡	廖内群岛省	917 998
4	勿加泗	西爪哇省	2 334 871	14	北干巴鲁	廖内省	882 045
5	棉兰	北苏门答腊省	2 097 610	15	班达楠榜	楠榜省	873 007
6	唐格朗	万丹省	1 798 601	16	玛琅	东爪哇省	820 243
7	德波	西爪哇省	1 738 570	17	巴东	西苏门答腊省	799 750
8	三宝垄	中爪哇省	1 520 481	18	登巴萨	巴厘省	788 589
9	巨港	南苏门答腊省	1 440 678	19	三马林达	东加里曼丹省	685 859
10	望加锡	南苏拉威西省	1 331 391	20	打横	西爪哇省	612 849

（资料来源：https：//www.citypopulation.de[15]）

1.1.3.1 雅加达

雅加达，全称雅加达特别首都特区（印尼语：Daerah Khusus Ibukota Jakarta），位于爪哇岛的西北部，是印尼的政治、经济和文化中心。作为首都特区，雅加达由印尼政府直接管辖，下辖5市，分别为东雅加达、西雅加达、南雅加达、北雅加达和中雅加达。城市面积为740.28平方千米，人口1 018.8万（2011年），居民大多信仰伊斯兰教。

雅加达的经济主要以金融业为主，金融业的产值占雅加达市生产总值的28.7%（2010年）。工业企业大多分布在市郊，以石油和化工业为主。自2007年开始，雅加达经济增长的方向变得更为多元化，通信（占比15.25%）、基础建设（占比7.81%）和酒店业（占比6.88%）为雅加达的经济发展注入了新的活力。

雅加达的自然灾害频繁，主要自然灾害包括洪水、干旱、山体滑坡和海平面上升，因人口密集，灾害造成的损失也往往较大。

1.1.3.2 泗水（Surabaya）

泗水位于爪哇岛东北角，临近马都拉海峡和泗水海峡，是东爪哇省首府，也是印尼第二大城市。泗水市人口约276万（2010年），其中爪哇人占多数，华人和马都拉人为少数族群。

泗水是印尼重要的海港，其进出口贸易非常繁盛。外国商品大多由此进入印尼国内，而大宗出口商品，如蔗糖、柚木、橡胶、香料、石油和烟草等，也多在泗水装船运输，运往世界各地。

1.1.3.3　万隆（Kota Bandung）

万隆位于爪哇岛西部火山群峰环抱的高原盆地中，城市海拔 719 米，是西爪哇省首府，也是印度尼西亚的第三大城市。城市面积为 167.67 平方千米，人口约 258 万（2014 年），绝大部分居民为巽他人。城市大致分南北两部分，南城为商业区，北城是住宅区，拥有国宾馆、大型旅馆等现代化建筑，郊区拥有大片茶园和金鸡纳园，还种植稻米、蔬菜和花卉等。

万隆年平均气温为 22.5℃。年平均降水量为 1 988 毫米，景色秀丽，四季如春，被誉为印尼最美丽的城市。

1.1.3.4　棉兰（Kota Medan）

棉兰位于印尼北苏门答腊省东北部日里河畔，是苏门答腊岛的第一大城市。人口约 210 万（2010 年），主要由马来人、爪哇人和华人组成。城市包括 21 个区和 151 个分区[16]。

棉兰是苏门答腊岛北部的经济中心，主要工业行业有炼油、化工、纺织、机械制造、椰油、橡胶制品、卷烟、肥皂、饮料等。此外，棉兰的金融业也十分发达，是印尼仅次于雅加达的金融和商业中心。

1.1.3.5　巨港（Palembang）

巨港位于南苏门答腊武吉巴里杉山（Bukit Barisan Mountain）山麓和邦加岛（Bangka Island）、勿里洞岛（Belitung Island）之间，是印尼最为古老的城市之一。城市面积为 400.6 平方千米，下辖 14 个镇区，人口约 144 万（2010 年），大多数居民信奉伊斯兰教。巨港的年平均气温为 26.4℃，月均降水量为 176 毫米，平均湿度 83%。

巨港是苏门答腊岛南部最大的深水港口和贸易中心，交通发达，可容纳万吨级海轮。主要工业门类包括化肥、橡胶、造船、陶瓷及纺织等。

1.2　主要流域

1.2.1　概述

印尼河流众多，水量丰沛，水力资源丰富。但河流在空间上分布不均，且大多源短流急，难以通航，所以印尼水利工程的主要目的是为发展工业提供电力，防洪和灌溉一般处于第二位。加里曼丹岛上的河流多从中央山地发源，向四周流入海。苏门答腊岛因高山偏于西岸，岛内河流大多向东流入中国南海和马六甲海峡，爪哇岛的河流则多自南向北流入爪哇海。印尼主要河流水系和部分重要河流如图1-3、表1-3所示：

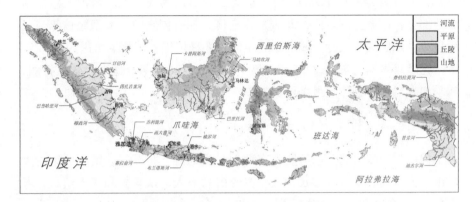

图1-3 印尼主要河流水系

表1-3 印尼部分重要河流

河流名称	中文译名	河长（千米）	流域面积（平方千米）
Solo	梭罗河	560	16 100
Ciliwung	吉利翁河	119	375
Citarum	西大鲁河	269	11 323
Brantas	布兰塔斯河	320	11 000
Serayu	塞拉俞河	158.4	3 383
Kampar	甘巴河	288	17 500
Musi	穆西河	750	62 290
Batang Hari	巴当哈里河	436	—
Indragiri	因扎吉里河	618	—
Kapuas	卡普阿斯河	1 143	98 749
Barito	巴里托河	909	100 000
Mahakam	马哈坎河	980	77 100
Mamberamo	曼伯拉莫河	670	85 000
Digul	迪古尔河	525	33 000
Pulau	普劳河	674	14 500

（资料来源：Wikipedia）

1.2.2　爪哇岛主要河流

1.2.2.1　梭罗河（Solo River）

梭罗河发源于印尼中爪哇省的拉武山（Lawu Mountain），经过苏拉卡尔塔（Surakarta）后，向东北方向流淌，最终在泗水西北方流入爪哇海。其最长支流茉莉芬河（Madiun）在牙威（Ngawi）附近汇入梭罗河。河长 560 千米，流域面积约为 16 100 平方千米，年平均流量为 684 立方米/秒。

梭罗河是爪哇岛上最长的河流，河口区域土地肥沃，物产丰富，每年沉积的泥沙约为 1 700 万吨。河流下游多湖泊和沼泽，人口稠密，可通航段约 200 千米。梭罗河原本流入马都拉海峡，为防止淤泥在海峡内堆积影响通航，1890 年，殖民政府修建了一条 12 千米长的运河，将梭罗河的出海口引向北面。

1.1.2.2　吉利翁河（Ciliwung River）

吉利翁河位于爪哇岛的西部，发源于西爪哇省的高地，自南向北流经茂物和雅加达后，于雅加达湾流入爪哇海。河长 119 千米，流域面积约 375 平方千米。其上游有两条主要支流，其中西塞河（Ciesek）长 9.7 千米，流域面积约 27 平方千米；西卢河（Ciluar）长 21 千米，流域面积约 35 平方千米，年平均流量为 231 立方米/秒。

吉利翁河被誉为雅加达的母亲河，它及其周边小河流的流域范围内人口密集，人口超过 500 万。由于地形和地质因素，吉利翁河容易泛滥，对雅加达市有较大影响。此外，随着城市高度发展，吉利翁河的水污染问题也变得越来越严重。

1.1.2.3　西大鲁河（Citarum River）

西大鲁河，又称芝塔龙河，发源于万隆南部的山区，流经万隆后向西北流入爪哇海。河长 269 千米，流域面积约 11 323 平方千米。西大鲁河在西爪哇省人民的生活上占有重要的地位，是印尼重要的灌溉河流，也是当地居民饮用水的主要来源，具备农业、供水、渔业、工业、污水处理与发电等功能，河上建有三座大坝，分别是萨古林大坝（Saguling Dam）、基拉塔大坝（Cirata Dam）与贾提卢华大坝（Jatiluhur Dam），其中贾提卢华大坝拥有印尼最大的储水量，约 30 亿立方米。

西大鲁河被称为世界上污染最严重的河流，每天约有 280 吨未经处理的工业废弃物和大量其他垃圾被直接倾倒在河中，这些污染物在河中日积月累，对河流周边的环境造成了严重影响。从 2011 年开始，印尼政府开始对河流进行清理，预计将耗费 40 亿美元。

1.1.2.4　布兰塔斯河（Brantas River）

布兰塔斯河位于印尼东爪哇省，发源于安查斯莫罗火山（Mount Anjas-moro），穿行经过山区后流入爪哇海。其河流走向为圆弧形，从源头流出后，首先向南，而后逐渐向西北，最后向北入海。到达平原区后主要分为南北两支流入海，北支为泗水河（Surabaya River），经泗水后入海；南支为波龙河（Porong River），为主要河道。布兰塔斯河河长 320 千米，流域面积约 11 000 平方千米。

河流上游建有 3 座水库，主要用于灌溉、航运及水力发电。流域内人烟稠密，土地肥沃，盛产稻米、甘蔗、咖啡和烟叶。

1.2.3　苏门答腊岛主要河流

1.2.3.1　甘巴河（Kampar River）

甘巴河位于西苏门答腊岛的武吉丁山，由两条长度几乎相同的支流坎帕尔卡南河（Kampar Kanan River）和坎帕里里河（Kampar Kiri River）汇流形成，而后向东流入马六甲海峡。河长 288 千米，流域面积约 17 500 平方千米。

在入海口附近，随着其他支流的汇入，水量大大增加。因河口呈现漏斗状，雨季时容易产生较大的波浪，当地人称之为"波诺"（Bono），时速可达到 40 千米/小时，浪高 4～6 米，伴随着强风和巨响。持续时间通常会超过 4 个小时，吸引了世界各地的冲浪爱好者。

1.2.3.2　穆西河（Musi River）

穆西河位于南苏门答腊省，发源于巴里桑山脉（Barisan Mountains），流向大致为从西南向东北，经过南苏门答腊省首府巨港后，在邦卡海峡（Bangka Strait）附近流入南海。河长 750 千米，流域面积约 62 290 平方千米，平均水深 6.5 米，大型船舶可以航驶至巨港市。

1.2.4　加里曼丹岛主要河流

1.2.4.1　卡普阿斯河（Kapuas River）

卡普阿斯河位于印尼西加里曼丹省，发源于加里曼丹岛内部的穆勒山脉（Müller Mountain），自东向西，在坤甸附近流入南海。卡普阿斯河是印尼国内最长的河流，也是世界上最长的岛屿河流，全长 1 143 千米，河道最宽处达 700 米，年平均径流量约为 6 000 立方米/秒。流域面积约 98 749 平方千米，覆盖了整个西加里曼丹省约 67% 的面积。

卡普阿斯河流域气候温暖潮湿，年平均降水量在 2 863 ~ 5 517 毫米，其河口的年平均径流量为 6 000 ~ 7 000 立方米/秒，雨季时，河水可能在很短时间内上升 10 ~ 12 米，淹没周围地区。

1.2.4.2　马哈坎河（Mahakam River）

马哈坎河发源于加里曼丹策马如山（Cemaru），向南流过多湖泊的平原后，在三马林达附近入海。河长 980 千米，流域面积约 77 100 平方千米，年平均径流量约 2 500 立方米/秒。主要支流有两条，分别是比拉亚河（Belayan）和克当克帕拉河（Kedang Kepala）。

1.2.4.3　巴里托河（Barito River）

巴里托河位于南加里曼丹省，发源于穆勒山脉，而后向南流淌，在马辰（Banjarmasin）附近流入爪哇海。河长 909 千米，流域面积约 10 万平方千米，年平均径流量为 5 500 立方米/秒。其上游部分河道位于中加里曼丹省，大部分河道在南加里曼丹省境内。中下游地区为平原和沼泽，多河曲浅滩，通航条件较好，下游与附近的其他大河间有运河互相连接。

1.2.5　新几内亚岛主要河流

1.2.5.1　曼伯拉莫河（Mamberamo River）

曼伯拉莫河位于印尼的巴布亚省，由南向北，在特巴（Teba）附近流入菲律宾海，下游多低地和沼泽。河长 670 千米，流域面积约 85 000 平方千米。水深 8 ~ 33 米，年平均径流量为 4 580 立方米/秒。主要支流有塔里库河（Tariku

River）和塔里塔图河（Taritatu River），两河汇流后形成曼伯拉莫河。

1.2.5.2 迪古尔河（Digul River）

迪古尔河是位于巴布亚南部的一条河流，发源于新几内亚岛巴布亚中东部斯塔山脉，先往南，后往西流，穿过大片雨季沼泽的低洼地区，注入阿拉弗拉海（Arafura）。河长525千米，流域面积约33 000平方千米。河道曲折蜿蜒，下游河道宽达2千米，500吨轮船可上驶460公里抵达丹那美拉镇。流域内多沼泽，热带雨林密布。

1.3 洪涝灾害

1.3.1 洪涝灾害及损失情况

印度尼西亚是一个自然灾害频发的国家，其常见灾害类型包括旱灾、地震、海啸和洪水。1974—2013年各种自然灾害造成的损失如图1－4所示。印尼国家灾害管理局（The National Disaster Management Agency, BNPB）将被统计的洪水灾害定义为以下任一情形的洪水事件：超过10人死亡，受灾人数超过100人，发布州级以上级别的洪水预警或接受国际援助。由统计数据可得，1974—2013年印尼洪水灾害发生次数为5 435次，是印尼近40年来发生最为频繁的自然灾害。

2007—2013年，印尼洪水灾害发生的次数分别为338、490、381、990、553、540和520起[17]，可以看出有一个逐年上升的趋势。2008年是洪水灾害造成损失较为严重的一年，当年死亡人数为191，受灾人数超过15万，当年最严重的洪水灾害发生在东爪哇省的斯图班度县（Situbondo Regency）和首都雅加达。2010年也是损失严重的一年，死亡人数为502。许多地区如东爪哇省、西爪哇省、中爪哇省和雅加达首都特区，一年内发生多次洪水灾害。爪哇岛因其人口密集，在过去30多年中，是洪水灾害发生最为频繁的地区。如中爪哇省发生洪水灾害740起，东爪哇省662起，西爪哇省535起[18]。就整体而言，相对于过去30多年，近十年洪水造成的损失更为严重，据统计，2004—2013年，印尼全国洪水造成的死亡人数为1 546，受伤人数为105 180，紧急撤离3 007 125人次，受灾人数为12 771 746，损坏房屋约226万栋，破坏桥梁454座，淹没土地11 611.7平方千米[18]。

洪水灾害的严重程度是由其带来的破坏和损失决定的，包括死亡人数、受灾人数和经济损失。对印尼而言，在过去的 30 多年中，洪水引起的死亡人数排名第二，仅次于地震和海啸；经济损失排名第三，次于地震和海啸与火灾。受灾人数排名第一，数以百万计的居民受到洪水灾害的侵袭。

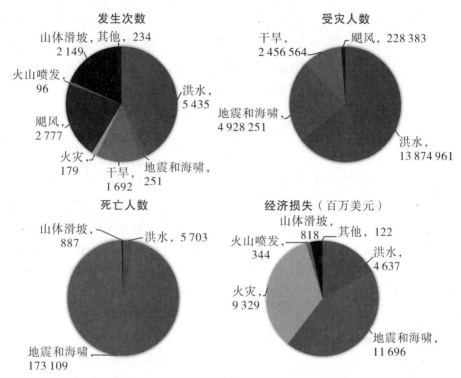

图 1 - 4　印尼各种自然灾害的发生次数、受灾人数、死亡人数及经济损失（1974—2013）
（资料来源：BNPB，Data Dan Informasi Bencana Indonesia）

1.3.2　近年来典型洪涝灾害

表 1 - 4　2006—2017 年印尼发生的典型洪涝灾害

洪水时间	发生地点	类型	描述
2006.12.25	苏门答腊岛	河道洪水	由暴雨引发的洪水造成约 14 万居民被迫逃离家园，至少 100 人死亡
2010.10.02	西巴布亚省	骤发洪水、山体滑坡	291 人死亡，12 428 人受灾，经济损失 7 800 万美元

（续上表）

洪水时间	发生地点	类型	描述
2011.12.18	中爪哇省	河道洪水	10 人死亡，约 3 000 人受灾
2013.01.17	雅加达	城市内涝	雅加达多条主要干道积水深达 1 米，中心商业区、四季饭店一带交通陷入大瘫痪，总统府遭水淹。1 人死亡，超过 10 000 人被疏散
2013.02.17	北苏拉威西省	河道洪水、山体滑坡	15 人死亡，7 座村庄因山体滑坡和洪灾被毁，超过 1 000 栋房屋被洪水毁坏
2014.01.17	北苏拉威西省	山体滑坡	至少 16 人死亡，该省有六个城市被雨水淹没，首府万鸦老的灾情最严重
2014.10.06	北苏门答腊省	河道洪水	由于 10 月 4 日开始的暴雨，Babura 和 Deli 两条河流发生洪水，棉兰部分地区水深达到 1.5 米，30 栋房屋被毁坏，无人员伤亡
2015.12.11	亚齐省	河道洪水	亚齐省西部约 112 个村庄大约 14 000 人受到洪水影响，部分道路和一座大桥被损坏，1 人死亡。本次洪水也影响了马来西亚雪兰莪和柔佛的部分地区
2016.02.26	东爪哇省、西爪哇省	城市内涝	雅加达部分地区 24 小时降水量达到 74 毫米，1 人死亡，34 000 人撤离
2016.05.15	北苏门答腊省	山体滑坡	Sibolga 监测到的 24 小时降水量为 92 毫米，突发的暴雨引起山体滑坡，造成 15 人死亡
2016.06.17	中爪哇省	山体滑坡、河道洪水	门纳多（Menado）监测的 24 小时降水量为 97 毫米，中爪哇省至少 16 个地区受到影响，47 人死亡，14 栋房屋被严重破坏，至少有 388 人被迫离开家园
2016.07.16	东南苏拉威西省	山体滑坡、河道洪水	拉索罗河（Lasolo River）和它的部分支流泛滥，使部分沿岸村庄发生水灾，最大水深达到 1.5 米，1 354 人被重新安置，735 栋房屋被摧毁
2016.09.21	西爪哇省	山洪、河道洪水	2 条河流泛滥，造成附近 5 个村庄水灾，部分村庄水深达到 2 米。本次洪水造成 33 人死亡，20 人失踪，35 人受伤，6 361 人转移

（续上表）

洪水时间	发生地点	类型	描述
2017.01.26	北苏拉威西省、邦加—勿里洞省	海岸洪水、山体滑坡、河道洪水	2 条河流泛滥，洪水影响了 5 000 人，约 1 000 人撤离
2017.03.03	西苏门答腊省	山体滑坡、河流洪水	4 条河流泛滥，4 人死亡，2 人重伤
2017.04.09	东爪哇省	山体滑坡	东爪哇省的直葛（Tegal）监测的 24 小时降水量为 77 毫米，5 人失踪
2017.04.29	中爪哇省	河道洪水	西爪哇省的贾提瓦格（Jatiwangi）28—29 日的 24 小时降水量为 54 毫米。4 人受伤，2 人失踪，约 170 人被强制撤离，约 70 栋房屋被洪水破坏

1.3.2.1　雅加达"15·02"洪水（2015 年 2 月 8—9 日）

2015 年 2 月 8 日，雅加达市发生大暴雨。据报道，雅加达城区约有 40 个不同地点发生洪涝灾害，部分地点水深达到 0.8 米。城市的北部和中部城区受灾严重，总统府前的淹没水深也达到了 0.3 米。洪水对雅加达的交通造成了严重影响，铁路和公交系统也一度瘫痪。

雅加达市内的三个站点监测到的 24 小时降水量如下：Soekarno - Hatta Aiport：79 毫米；Observatory：370 毫米；Tanjung Priok：310 毫米。

1.3.2.2　中爪哇岛"15·05"洪水（2015 年 5 月 2—4 日）

2015 年 5 月 2 日起，受持续 2 日暴雨的影响，西努沙登加拉省和中爪哇省部分地区发生洪水。在西努沙登加拉省，部分地区水深达 1.5 米，100 公顷的农田受到洪水毁坏，8 栋房屋被损毁，龙目（Lombok）至少 5 个社区 1 229 户家庭撤离，1 人受伤。在中爪哇省的西南部，水深有 0.5 ~ 1.5 米，163 公顷农田被淹没，约 3 000 人紧急撤离（见图 1 - 5）。

图1-5　中爪哇岛的洪水状况

（图片来源：BNPB）

1.3.2.3　巴东"16·03"洪水（2016年3月21—22日）

2016年3月21日，西苏门答腊省的巴东市发生暴雨，21—22日的24小时降雨量达370毫米，导致巴东市的阿让河（Arau River）水位暴涨，3个市区受到洪水威胁，9个村庄被洪水淹没，最大水深达1米，部分房屋、道路和桥梁被毁坏，无人员伤亡，数百人被洪水围困（见图1-6）。

图1-6　巴东市内的洪水

（图片来源：BNPB）

1.3.2.4　万隆"16·10"洪水（2016 年 10 月 24 日）

2016 年 10 月 24 日，万隆发生暴雨，仅在午后 1.5 小时内降水量达 77 毫米。突发的强降水使万隆发生严重内涝，部分街道的积水深度为 1.2～2 米（见图 1-7）。有 5 个城区受到严重的影响，几千栋房屋受到不同程度的损坏，居民被紧急疏散，本次洪水造成 1 人死亡。

图 1-7　万隆街头的洪水

（图片来源：BNPB）

1.3.2.5　雅加达"17·02"洪水（2017 年 2 月 20—22 日）

2017 年 2 月 20 日，雅加达大都会区发生持续暴雨，雅加达市最大 24 小时降雨量达 180 毫米，城内有 54 个地点发生内涝。数千栋房屋受到不同程度的损坏，119 人紧急撤离。部分街道水深达 1.5 米，Cipinang Muara 区的水深达 2.5 米，洪水造成 1 人死亡（见图 1-8）。雅加达市附近的勿加泗也受到了洪水影响，400 人紧急转移，1 人死亡。

图 1-8   雅加达街道的救援工作

（图片来源：BNPB）

1.3.3   洪涝灾害成因

印尼人口众多，洪水灾害频发，近年来洪水灾害造成的损失十分严重。印尼国家灾害管理局在考虑了引起洪水的各种因素后，绘制了国家尺度的洪水风险图，在印尼的 497 个城市（县）中，洪水威胁程度为中等或高等的城市（县）有 309 个[18]。回顾了历史洪水和评估了其当前洪水灾害管理水平后，印尼洪涝灾害发生的成因可总结为自然因素和人为因素两大方面[19]，具体如下：

自然因素方面，首要因素是暴雨。印尼是一个年降水量较大的国家，特别是雨季时，潮湿的西南季风带来了大量降水，易降雨成灾。除了雨季降水外，印尼还受到厄尔尼诺南方涛动现象（El Nino - Southern Oscillation, EN-SO）的影响[19]，使降水量在年际上也产生时空差异。此外，印尼全国大小河流约有 5 590 条[20]，其中约 30% 的河流流经人口密集的区域。除了部分位于加里曼丹岛的河流以外，大部分河流的输水能力有限。又因为印尼多火山，而一般来说，发源于火山地区的河流输沙量较大，河道沉积严重，易造成河流行洪不畅，从而增大洪水发生的可能性。此外，沿海地区多低地，易受潮汐效应影响的特点，也加剧了印尼沿海地区洪水的严重性。

人为因素方面，人口增长及其带来的城市化，在短短数十年间改变了地表土地利用的类型。一方面，森林的大规模砍伐和土地利用，使植被大量减少，地表的蓄水能力降低，进而增加短时间内洪水的总量。另一方面，城市化的过程中，大量非法建筑的存在导致河道变窄，影响河道行洪，大大恶化了洪水问题。这种情况在爪哇岛上非常普遍，过去 50 年来许多严重的洪水都与此有关[21]。而在部分流域中，当地居民将大量未经处理的固体垃圾直接倾倒入河流，阻塞河道，大大增大了洪水漫过河堤的可能性，这种情况在 20 世纪的西大鲁河流域尤为严重。

除了引起洪水的因素外，印尼洪水管理方面的不足也增大了洪水发生时的损失。因法律的原因，印尼部分流域防洪工程的开发和运行，很大程度上掌握在私人和企业手中[22]，加上社会经济条件的落后，许多大型工程的构思短期内无法实行。而旧有的防洪工程疏于维护，也不能很好地起到防洪功能，专业人员匮乏则常常影响工程的进度。目前，提升管理水平和完善相关制度仍是印尼洪水管理建设的重点。

最后，预警系统的缺乏也是印尼流域管理现状的一个重要不足。在出现伤亡的洪水灾害中，大部分死亡事件的原因可以归结为缺乏行之有效的洪水预警[23]。一般而言，为了提供精确的洪水预警，需要精确及时的气象水文预报，然而目前印尼气象部门仅能预测大范围尺度上的降水和发出一般预警。在建有预警系统的流域，基础组织对预警预报专业知识的掌握不足，各职能部门权责分工的不清晰，也影响了洪水发生时的迅速响应。

1.3.4　流域管理与应急管理

印尼全国划分有 110 个流域，其中包括 30 个重点流域，流域管理工作一般由各流域管理局负责，工作内容包括建设防洪工程、发布洪水预警、设施维护和非工程措施等。流域管理局，特别是重点流域的管理局，在水资源管理和流域建设方面有较大的自主性，如西大鲁河、吉利翁河和布兰塔斯河是首先在流域内建设洪水预警系统的流域。大型工程项目的建设则一般由印尼公共事务部（MoPWHA）进行投资和管理，如近几年建设的雅加达紧急防洪工程、布兰塔斯河水资源管理一体化工程等。

灾害应急管理方面，负责印尼国内灾害管理的机构为印尼国家灾害管理委员会，其管理范围包括火灾、地震、飓风和洪水等多种自然灾害的灾前预防、救灾和灾后建设工作。灾害管理委员会有其州级和区域级下属机构，其中区域内的管理机构称为区域灾害管理委员会（Regional Board of Disaster Management，BPBD），在职责上与 BNPB 大致相同，但更倾向于在已有应急预案的基础上对突发灾害作出迅速响应。

灾害管理的具体实施方面，国家灾害管理委员会积极与各种政府及非政府机构进行合作，例如在洪水预报方面，BNPB 与印尼气象环境局地理局（BMKG）、印尼测绘局（CASM）和各流域管理局有紧密的合作机制。而在灾害救援方面，印尼国家搜救队、社会事务部、红十字会等机构是洪水紧急响应机制的重要组成部分。

1.4　西大鲁河水资源综合管理投资计划（ICWRMIP）

1.4.1　流域介绍

西大鲁河在印尼西爪哇省境内，位于北纬 106°51′~107°51′，南纬 7°19′~6°24′，流域气候为热带季风气候，全年高温多雨，气温和湿度都较为稳定，一年大致可分为雨季和旱季。每年的 10 月至次年 3 月为雨季，6 月至 9 月为旱季，流域内低地的年平均气温为 27℃，山区的年平均气温为 15.3℃。降水分布具有一定的空间性，沿海区域的年平均降水量约 1 000 毫米，上游山区的年平均降水量可达 4 000 毫米，超过 70% 的降水出现在雨季。河流年径流量为 129.5 亿立方米。

西大鲁河流域有 19 条较大的河流，这些河流或独立入海，或作为支流汇入西大鲁河。河流上游有 3 座大型大坝，分别为萨古林大坝、基拉塔大坝和贾提卢华大坝，主要功能为水力发电和农业灌溉。

流域内人口约 1 595 万（2012 年），占整个西爪哇省人口的 35.8%。2012 年经济增长率为 6.21%。作为印尼国内重要的稻米产区，西大鲁河流域拥有较为完善的灌溉系统。

1.4.2　项目背景

西大鲁河对于印尼的国家发展具有重要意义，它满足了首都雅加达 80% 的用水需求，向超过 2 800 万人供水。由于过去 20 多年的高速城市化和工业化，西大鲁河出现了严重的水污染和地下水位下降。西大鲁河上游万隆盆地（Bandung Basin）的地下水位一直处于下降过程中，2000—2002 年，陆地沉降幅度为 7~52 厘米，平均每月沉降 2~18 毫米。同时，由于未经处理的工业废水和生活垃圾直接向河中排放，西大鲁河的水质也受到了污染，旱季时污染的情况变得更为严重。为了恢复和改善西大鲁河流域的水资源环境，印尼政府与亚洲开发银行（ADB）合作，建立了西大鲁河水资源综合管理投资计划（Integrated Citarum Water Resources Management Investment Program，ICWRMIP）。

1.4.3 项目内容

ICWRMIP 项目的投资范围包括与西大鲁河流域修复有关的 35 项子项目，总投资额预计为 9.5 亿美元，亚洲开发银行为该项目提供了 5 亿美元的贷款。项目规划时间为 2009—2023 年。其第一阶段（2009—2014 年）具体内容包括以下方面：①水资源综合管理与规划（IWRM）；②水资源开发与管理；③分水计划；④环境保护；⑤灾害管理；⑥社会支持；⑦数据采集、分析和决策系统建设；⑧方案管理与评估。

具体内容如表 1-5 所示：

表 1-5 ICWRMIP 项目第一阶段具体内容

子项目	具体内容
水资源综合管理与规划	规划管理
	建立规划机构
	对西大鲁河 6 个子流域作出空间规划
水资源开发与管理	修复西塔如（West Tarum）水道
	提升土地和水资源管理水平
	改善社区供水的卫生状况
	优化万隆的水资源配置
	优化万隆水资源的方案研究
分水规划	西大鲁河流域分水规划
环境保护	流域水质修复计划
	生物多样性保护
灾害管理	西大鲁河洪水管理
	气候变化应对措施
社会支持	科技支持
数据采集、分析和决策系统建设	构建灾害决策系统
方案管理与评估	工程管理
	独立工程评估

（资料来源：http://citarum.org）

1.5 雅加达紧急防洪工程（JUFMP）

1.5.1 项目背景

雅加达是印尼最重要的城市区域，是印尼的经济中心。区域城市化过程使雅加达成为世界上最大的城市区之一。雅加达首都特区的面积约为 661.52 平方千米，2010 年人口约 960 万。大雅加达地区面积约为 7 300 平方千米，人口约 2 790 万。城市的快速发展加上相对落后的公共设施建设，产生了一系列问题，其中最为严重的是一年内多次发生的洪水灾害。

过度城市化发展趋势是雅加达发生洪水的核心原因，该原因导致了几个重要因素的持续恶化。重要流域的侵蚀和开发，导致城市内河上游地区的地面径流增加和自然蓄洪区的减少。固态垃圾总量的增加，导致大量垃圾堵塞河道和泄洪道，而管理不足使沉积加重，恶化了河道状况。部分河道的行洪能力甚至减少了三分之一以上。同时，因过度的地下水开发，陆地沉降的速率也十分惊人。陆地沉降也会增加洪水发生的风险，因为它不但减小了防洪工程对洪水的抵御能力，也增加了潮汐洪水发生的风险。

大雅加达地区境内有几座大型火山，这些火山所在的区域是 13 条流入爪哇海的主要河流的上游。雨季一般开始于 11 月下旬，结束于次年 4 月上旬。雅加达市位于整个流域海拔最低的区域。40% 的城市位于海平面以下，包括北雅加达（North Jakarta）的大部分，这些地区的陆地沉降非常严重。雅加达市洪水管理的理念是分洪，在上游通过两条分洪道将洪水引入城市东面和西面的雅加达湾，使其不经过城市中心区。市内的大型排水系统包括 13 条主要河流和更多排水渠。通过闸门调控，大型排水系统能被划分为几个子系统。然而，现行运行的系统缺乏管理，极大地影响了其功能的正常发挥。

1.5.2 工程介绍

雅加达紧急防洪工程（Jakarta Urgent Flood Mitigation Project，JUFMP）的最终目标是提升雅加达市洪水管理系统能力及减少洪水发生的频率和持续时间。为达到这一目的，主要采取疏浚河道、泄洪道和蓄洪池的方式。修复工程所产生的废料会被运送到 3 个处理厂进行处理。

雅加达市被划分为吉利翁河—西萨丹河流域（BBWS Ciliwung – Cisadane）

内。共有三个机构负责该流域的洪水管理工作，其中两个机构分别在印尼公共事务部下属的水资源管理局（DGWR）和住房建筑局（DGCK）辖下，隶属于中央政府；另一个机构在雅加达首都特区（DPU‑DKI）辖下，负责流域工程的日常维护，隶属于地方政府。在印尼现行法律框架下，公共事务部负责印尼国内跨州河流的流域管理，雅加达首都特区政府负责其辖内的河道及蓄洪池管理。

工程包括对 11 条主要河道（或泄洪道）和 4 个蓄洪池的疏浚和修复，以提升其行洪能力和蓄水能力。11 条河道（泄洪道）的总长为 67.5 千米，4 个蓄洪池的面积为 65.1 公顷。修复任务被分为 8 个子工程[24]，详细介绍见表1-6。

表1-6　雅加达市河道、泄洪道、蓄洪池修复子工程项目

子项目 （负责机构）	位置	长 （米）	宽 （米）	面积 （平方米）
1（DKI）	Ciliwung – Gunung Sahari Drain	5 100	21.5 ~ 45.9	171 870
	Waduk Melati	2 004	—	490 000
2A（DGWR）	Cengkareng Floodway	7 840	38 ~ 87	490 000
2B（DGWR）	Lower Sunter Floodway	9 980	20.2	338 320
3（DGCK）	Cideng Thamrin Drain（Round Road Drain）	3 840	10	55 680
4（DKI）	Sentiong – Sunter Drain（including Ancol Canal）	5 950	16.1	161 240
	Waduk Sunter Utara（Outlet drain）	570		330 000
	Waduk Sunter Selatan	—	—	192 000
	Waduk Sunter Timur Ⅲ	—	—	80 000
5（DGCK）	Tanjungan Drain	600	9.2 ~ 26.0	10 560
	Lower Angke Drain	4 050	31.0 ~ 51.0	166 050
6（DGWR）	West Banjir Canal（sea side）	3 060	33.0 ~ 141.0	266 220
	Upper Sunter Flood way	5 150	15.0 ~ 36.0	131 320
7（DKI）	Grogol – Sekretaris Drain	2 970	21.0 ~ 51.0	106 920
	Pakin – Kali Besar – Jelakeng	4 910	13.0 ~ 31.0	108 020
	Krukut Cideng Drain	3 250	15.0 ~ 29.0	71 500
	Krukut Lama Drain	3 490	7.0 ~ 29.0	62 820

（资料来源：http://jufmp.com/）

1.6 主要水利工程

1.6.1 基拉塔大坝

基拉塔大坝位于雅加达的东南方，西爪哇省的西大鲁河上，于1984年修建，1988年完成，主要目的为水力发电，兼具有防洪、水产养殖、供水和灌溉的功能。

大坝类型为混凝土堆石坝（rock-fill embankment），坝高125米，长453米。水库总库容为21.65亿立方米，其中动库容7.96亿立方米，水库面积62平方千米，控制流域面积4 119平方千米。发电站总装机容量为1 008MW，包括8台功率为126MW的混流式水轮机（francis turbine），年发电量1 426GWh。如图1-9所示：

图1-9 基拉塔大坝

（图片来源：http://citarum.org）

1.6.2　贾提哥德大坝（Jatigede Dam）

贾提哥德大坝位于印尼西爪哇省苏美当县（Sumedang Regency）辖内的西马努河（Ci Manuk River）上，距苏美当县约 12 千米。大坝主体工程于 2008 年开始修建，2015 年建成，总耗资约 2.24 亿美元，由中国水利水电建设集团公司承建。大坝的修建淹没了约 12 098 公顷的土地，30 个村庄约 7 万人因此移民。按照设计，工程的主要功能为灌溉，预计可灌溉农田面积 222 395 公顷，同时也兼有供水、防洪和发电功能。

大坝为堆石坝，高 110 米，长 1 715 米，泄洪能力为 4 468 立方米/秒。水库总库容 9.8 亿立方米，其中有效库容（active capacity）8.77 亿立方米，水库面积 41.22 平方千米，控制流域面积 1 462 平方千米。水电站的发电机组正在安装过程中，预计于 2019 年完成安装（目前仍在安装中），届时装机容量将达到 110MW，电站的设计水头为 170 米。

1.6.3　比利比利大坝（Bili – Bili Dam）

比利比利大坝位于印尼南苏拉威西省的高华县（Gowa Regency）境内的杰内波朗河（Jeneberang River）上，距离望加锡（Makassar）约 30 千米，是一个结合了防洪、灌溉、水力发电等多种功能的工程。大坝于 1991 年开始动工，1998 年建成。

大坝为堆石坝，高 73 米，长约 1 800 米。水库总蓄水量为 3.75 亿立方米。比利比利大坝水电站于 2005 年正式运行，设计装机容量为 19.25MW，包括两组涡轮机（功率分别为 12.75MW 和 6.5MW），年平均发电量为 69 000MWh。

比利比利大坝由日本国际合作机构（Japan International Cooperation Agency）投资，最初的修建目的是向望加锡供水以及提高城市的防洪能力，可灌溉58 780公顷的稻田且抵御 50 年一遇的洪水。除了大坝以外，下游还修筑了三条规模较小的堰，分别为比利堰（Bili – Bili Weir）、比苏阿堰（Bissua Weir）和卡皮里堰（Kampili Weir），用于控制相应的灌区。

1.6.4　贾提卢华大坝

贾提卢华大坝是一座拥有水力发电、供水、防洪、灌溉和水产养殖等多种功能的土坝，位于西爪哇省的西大鲁河上，在雅加达东面约 70 千米。大坝于 1957 年开始修建，1965 年完工，水电站于 1967 年正式运行。

　　大坝高 105 米，长 1 200 米，宽 10 米，泄洪能力约 3 000 立方米/秒。水库总库容为 30 亿立方米，面积约 83 平方千米，控制流域面积约 4 500 平方千米（见图 1－10）。水库的建成可灌溉稻田 593 053 公顷。水电站由省属电力公司 Perusahaan Listrik Negara 负责管理，装机容量为 186.5MW，包括 6 台 32.3MW 的混流式水轮机，年发电量超过 1 000MKW。

图 1－10　贾提卢华大坝

（图片来源：http://citarum.org）

1.6.5　萨古林大坝

　　萨古林大坝为堆石坝，位于西爪哇省的西大鲁河上，在万隆以西 26 千米。建于 1983 年，完工于 1985 年，发电站则于 1986 年正式运行，工程修建的水库移民约 6 万人。工程主要目的为发电，兼顾水产养殖和供水。

　　大坝坝高 99 米，长 301 米。水库总库容 27.5 亿立方米，水库面积

53 平方千米，控制流域面积 452 平方千米（见图 1 – 11）。水电站包括 4
台 175MW 的混流式水轮机，由印尼水电公司 PT Indonesia Power 管理，
总装机容量为 700MW。

图 1 – 11　萨古林大坝

（图片来源：http：//citarum. org）

参考文献

［1］Countrymeters. 印尼人口［EB/OL］. （2017 – 04 – 27）［2017 – 04 – 27］.
http：//countrymeters. info/cn/Indonesia.

［2］中华人民共和国外交部. 印度尼西亚国家概况［EB/OL］. （2016 – 01 – 21）
［2017 – 04 – 21］. http：//www. fmprc. gov. cn/web/gjhdq_676201/gj_676203/yz_676205/
1206_677244/1206x0_677246/.

［3］王受业，梁敏和，刘新生. 列国志——印度尼西亚［M］. 北京：社会科学
文献出版社，2010.

［4］唐慧，陈扬，张燕. 印度尼西亚概论［M］. 广州：世界图书出版广东有限
公司，2012.

［5］维基百科. 印度尼西亚［EB/OL］. （2017 – 03 – 21）［2017 – 05 – 11］. https：//

zh. wikipedia. org/wiki/% E5% 8D% B0% E5% BA% A6% E5% B0% BC% E8% A5% BF% E4%
BA% 9A.

　[6] 中国领事服务网. 印度尼西亚 [EB/OL]. (2017 – 02 – 11) [2017 – 04 –
21]. http：//cs. mfa. gov. cn/zggmcg/ljmdd/yz_645708/ydnxy_648376/.

　[7] 中国银行股份公司, 社会科学文献出版社. 印度尼西亚 [M]. 北京：社会
科学文献出版社, 2016.

　[8] 孙福生, 李一平, 吴小安. 印度尼西亚 [M]. 南宁：广西人民出版
社, 1995.

　[9] 百度百科. 印度尼西亚 [EB/OL]. (2017 – 01 – 22) [2017 – 04 – 14].
http：//baike. baidu. com/item/% E5% 8D% B0% E5% BA% A6% E5% B0% BC% E8% A5%
BF% E4% BA% 9A.

　[10] 世界银行. Average monthly temperature and rainfall for Indonesia from 1901 – 2015
[EB/OL]. (2017 – 01 – 23) [2017 – 04 – 24]. http：//sdwebx. worldbank. org/climateportal/index. cfm? page = country_historical_climate&ThisRegion = Asia&ThisCCode = IDN.

　[11] 何政. 印度尼西亚经济社会地理 [M]. 广州：世界图书出版广东有限公
司, 2014.

　[12] NH B. IPCC default soil classes derived from the Harmonized World Soil Data Base
(Ver. 1. 1). Report 2009/02b [R]. Wageningen：Carbon Benefits Project (CBP) and IS-
RIC-World Soil Information, 2010.

　[13] Indonesia S. Population of Indonesia by province 1971, 1980, 1990, 1995, 2000
and 2010 [EB/OL]. (2012 – 07 – 09) [2017 – 05 – 22]. https：//www. bps. go. id/
linkTabelStatis/view/id/1267.

　[14] Indonesia S. Publikasi Provinsi dan Kabupaten Hasil Sementara SP2010 [EB/OL].
(2011 – 03 – 14) [2017 – 03 – 26]. https：//www. bps. go. id/aboutus. php? hasilSP2010 = 1.

　[15] Citypopulation. Indonesia：urban city population [EB/OL]. (2012 – 07 – 26)
[2017 – 04 – 21]. http：//www. citypopulation. de/Indonesia – MU. html.

　[16] 印尼旅游信息. 棉兰 [EB/OL]. (2012 – 01 – 24) [2017 – 04 – 22].
http：//www. fnetravel. com/travel_info/chinese/indonesia – info/medan. html.

　[17] HAPSAR R I, ZENURIANTO M. View of flood disaster management in Indonesia and
the key solutions [J]. American journal of engineering research, 2016, 3 (5).

　[18] BNPB J. Indonesian National Board for Disaster Management. Indonesian disaster
information and data [EB/OL]. (2016 – 11 – 29) [2017 – 04 – 24]. http：//
dibi. bnpb. go. id/DesInventar/dashboard. jsp.

　[19] ALDRIAN E, GATES L D, WIDODO F H. Seasonal variability of Indonesian rain-
fall in ECHAM4 simulations and in the reanalyses：the role of ENSO [J]. theoretical and ap-
plied climatology, 2007, 87 (1 – 4).

　[20] SUTARDI. Water resources management towards enhancement of effective water

governance in indonesia ［R］. World Water Forum, 2003.

［21］ TEXIER P. Floods in Jakarta: when the extreme reveals daily structural constraints and mismanagement ［J］. Disaster prevention and management: an international journal, 2008, 3 (17).

［22］ Indonesia G. Law of Republic of Indonesia number 24 of 2007 concerning disaster management ［Z］. 2007.

［23］ SUTARDI. Action report toward flood disaster reduction – Indonesian case ［R］. Jakarta: Indonesia Water Partnership, 2006.

［24］ JUFMP. Construction supervision consultant JUFMP ［R］. Korea Engineering Consultants Corps of Korea, 2016.

第 2 章　老挝

2.1　国家简介

老挝人民民主共和国（Lao People's Democratic Republic），简称老挝，位于中南半岛，是一个内陆国家。老挝国土面积约 23.68 万平方千米，人口 680.9 万（2014 年）。主要民族包括老龙族、老听族、老松族等，语言上分属老—泰语族系、孟—高棉语族系、苗—瑶语族系、汉—藏语族系，居民多信奉佛教[1]。

老挝全境多山，自然资源丰富，矿产资源包括锡、金、钾、铜、铁、铅、石膏、盐、煤等，迄今得到少量开采的有锡、钾、石膏、煤等。全国森林覆盖率约 50%，森林面积近 900 万公顷，盛产柚木、花梨木等木材。

14 世纪以前的老挝历史，因史料缺乏，存在较多争议。1353 年，法昂建立的澜沧王国（1353—1707 年），以琅勃拉邦为首都，是老挝历史上出现的第一个统一多民族国家。1707—1713 年，澜沧王国分裂为三个小王国，即南部的占巴塞、中部的万象和北部的琅勃拉邦。1778—1893 年，三国陆续沦为暹罗（今泰国）的属国。1893 年，法国与暹罗签订《曼谷条约》，老挝沦为法国保护国。1940—1945 年第二次世界大战时被日本占领。在日本投降后，1945 年 10 月 12 日宣布独立。1946 年，法国势力卷土重来，独立运动失败。1954 年，老挝脱离法属印度支那正式独立，建立寮王国。1975 年老挝人民革命党推翻了亲美国的寮王国，并于同年 12 月 2 日改国名为老挝人民民主共和国。

2.1.1　自然地理

老挝位于北回归线以南，处于南洋群岛和亚洲大陆之间的路桥位置，是中南半岛地区唯一的内陆国。其纬度范围是北纬 13°54′~22°04′，经度范围是东经 100°10′~107°30′。北边为中国，西北边为缅甸，西边接泰国，南边为柬埔寨，东边为越南，国土面积 23.14 万平方千米，相当于中国云南省面积的 2/3 左右。整体地势由西北向东南倾斜，境内大部分为山地和丘陵，连绵起伏，因老挝在中南半岛的地势最高，故也有"中南半岛屋脊"的称号。老挝境内河流众多，水量充沛，但主要以湄公河及其支流为主，湄公河流域面积占老挝国土面积的 80% 以上。湄公河干流自北而南纵贯全国，沿岸有若干小型平原。

2.1.1.1　地形

老挝是一个内陆国家，无沿海区域，其国土大致可以分为四种地形，分别为山地、高原、平原和丘陵，山地和高原较多，约占国土面积的 80%，平原区较少。

老挝的山地和高原主要有三大山脉，均为我国横断山脉无量山系的延伸。第一支山脉位于湄公河西岸，主要山脉包括琅勃拉邦山脉，该山脉的分水岭是老挝—泰国的陆地国界。第二支山脉位于老挝西北部的中—老边境，南北走向，一直延伸到湄公河沿岸。第三支山脉为位于老—越边界的富良山脉（越南称长山山脉），该山脉南北走向，是大部分老挝和越南河流的分水岭，构成了老挝和越南两国的国界，最终延伸至越南的潘切入海。老挝境内的锡利乌台山、会芬高原和川圹高原都属于该山脉。

老挝的总体地形大致可分为北部山地、东南部高原、西南部平原和西部低山丘陵四个地貌区[2]。老挝的山地主要分布在北部，从丰沙里省一直到万象省北部，丰沙里省、琅南塔省附近的山脉海拔 1 000~1 500 米，向南地势逐渐变缓，成为起伏不大的丘陵。东南部则主要以高原为主，基本随富良山脉的走势分布，从北至南分别是会芬高原、川圹高原、甘蒙高原和波罗芬高原，该地区有许多海拔较高的山峰，其中老挝最高峰比亚山（海拔 2 830 米）主峰就位于川圹高原上。西南部平原主要位于湄公河在老挝境内的中下游地区，主要分布在万象、沙湾拿吉省、沙拉湾省、波里坎塞省和色贡省等地区，面积较大的平原有四个，按面积由小至大分别为北汕平原、万象平原、巴色平原和沙湾拿吉平原。西部低山丘陵则主要在万象省西部、波里坎塞省和沙耶武里省西部地区，该区域多为海拔较低的丘陵。

2.1.1.2　气候

老挝全境在北回归线以南，属于热带—亚热带季风气候，全年高温多雨，季节性变化差异不大，无春夏秋冬四季之分，只有雨、旱两季，除北部山区外，其余地区气温差异不大。这一特点主要是由地理位置、地形条件和大气环流三种因素决定的[3]。地理位置方面，老挝位于北回归线以南的中南半岛东侧，中南半岛东、南、西三面是海洋，北面为亚洲大陆，因此同时受到海洋和大陆气候的强烈影响。大气环流方面，每年的5—10月，暖湿的西南季风从海洋吹向大陆，为老挝带来充足的降水，形成雨季；10月—次年4月，干冷的东北季风从北方大陆吹向海洋，形成旱季。地形方面，老挝地势北高南低，自东北向西南倾斜，东部是由北向南绵亘的富良山脉（长山山脉），山脉走向与风向垂直相交，利于迫降西南季风，形成地形雨，也有利于削弱东北季风和西太平洋台风的影响。同时，桑坎通山脉和豆蔻山脉横亘于上寮中部，阻拦了孟加拉湾暖湿气流北上，因此上寮地区的西部和东北部的气温和雨量差异较大。

老挝多年平均气温及降雨量如图2-1所示。最高气温出现在5月，为26.1℃，最大降水量出现在8月，为338.9毫米。

老挝的气温主要有两个特征：一个是常年高温，即全国全年无明显低温；二是太阳辐射强烈，日照时间长，这是老挝地理位置接近赤道的缘故。

老挝的降水也呈现出两个特征：一是降雨量大——老挝各地年降雨量一般在1 000毫米到3 000毫米。北部降水量相对较少，如波乔省年降雨量为1 372.2毫米；南部降水量次之，如沙拉湾省年降雨量为2 216毫米；中部降水量最多，波里坎塞省年降雨量可达3 039.1毫米。二是暴雨①的发生次数多。北部地区的暴雨次数最少，如丰沙里省约2.6次/年；南部地区次之，如阿速坡约11次/年；中部地区的暴雨次数最多，波里坎塞省约21.4次/年[3]。

---

①　这里的暴雨采用中国气象的判断标准，即将24小时内降雨量为50毫米或以上的强降水称为"暴雨"。

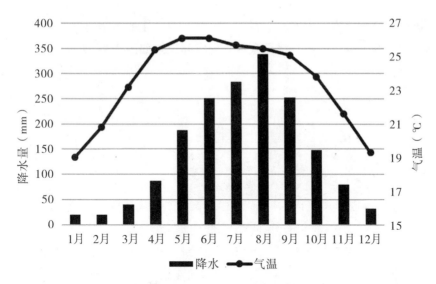

图 2 - 1　老挝多年平均气温及降水量（1901—2009 年）

（资料来源：世界银行[4]）

2.1.1.3　地表覆盖与植被状况

根据统计，面积占国土总面积 1% 以上的地表覆盖类型有常绿阔叶林、农业镶嵌林、多树草原和稀树草原，比例分别为 75.47%、10.50%、10.33% 和 1.50%。空间分布上看，老挝北部和中部的山区被常绿阔叶林覆盖，仅在中部和南部的平原地区有部分农业用地和多树草原。

老挝地处群岛和大陆之间的陆桥位置，植物接受了南北两方的传播，因此植被繁杂，植物种类众多。目前已发现的植物种类超过 1 万种，植被覆盖面积达到 1 660 万公顷，占国土总面积的 70%，其中森林面积为 1 400 万 ~ 1 500 万公顷，占国土总面积的 50% ~ 60%[5]。

2.1.1.4　土壤类型

按照联合国政府间气候变化专门委员会的一般土壤分类标准[6]，老挝国内的主要土壤类型包括高活性黏土、低活性黏土和湿地土壤，占国土面积的百分比分别为 6.48%、92.39% 和 1.13%。

2.1.2　行政区划

老挝全国共划分 17 个省，1 个直辖市，148 个县，8 505 个行政村，大致可以划分为上寮、中寮和下寮三大区域。其中上寮 8 省，中寮 4 省 1 直辖市，下寮 5 省[7]。各一级行政区划的空间位置如图 2-2 所示。

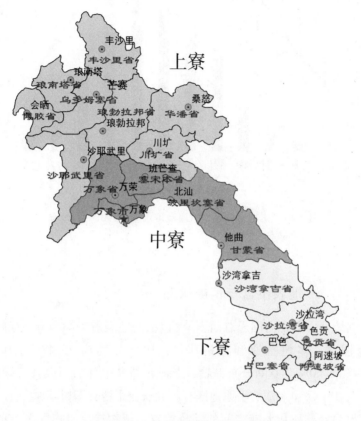

图 2-2　老挝一级行政区域图

各一级行政区详细情况如下：

（1）万象直辖市。万象直辖市为老挝人民民主共和国的首都，旧称文单或雍田。马来西亚、新加坡和中国香港、台湾地区译作"永珍"，位于老挝西部。人口 82.8 万，面积 3 920 平方千米。下辖 9 个区，481 个自然村，首府为万象。

（2）丰沙里省。丰沙里省是老挝北部的一个省，西、北邻中国云南，东邻越南。人口 18.4 万，面积 16 270 平方千米。下辖 7 个县，529 个自然村，首府为丰沙里。

（3）琅南塔省。琅南塔省是老挝北部的一个省，西南与博胶省相接，东南与乌多姆塞省毗邻，西北与缅甸接壤，东北与中国云南省相交。人口 18.1 万，面积 9 325 平方千米。下辖 5 个县，365 个自然村，首府为琅南塔。

（4）乌多姆塞省。乌多姆塞省是老挝西北部的一个省。人口 33.1 万，面积 15 370 平方千米。下辖 7 个县，474 个自然村，首府为芒赛。

（5）博胶省。博胶省是老挝西北部的一个省，"博胶"在老挝语中是"宝石矿"的意思，因该省盛产宝石而得名。人口 18.3 万，面积 6 196 万平方千米。下辖 5 个县，256 个自然村，首府为会晒。

（6）琅勃拉邦（Luang Prabang）省。琅勃拉邦省是老挝北部的一个省。人口 48.2 万，面积 16 875 平方千米。下辖 12 个县，756 个自然村，首府为琅勃拉邦。

（7）华潘省。华潘省是老挝东部的一个省。人口 35.2 万，面积 16 500 平方千米。下辖 10 个县，718 个自然村，首府为桑怒。

（8）沙耶武里省。沙耶武里省是老挝西北部的一个省，也是老挝境内唯一一个全省在湄公河西岸的省份。人口 40.6 万，面积 16 389 平方千米。下辖 11 个县，432 个自然村，首府为沙耶武里。

（9）川圹省。川圹省是老挝东北部的一个省，位于川圹高原上，是老挝主要的玉米种植区域。人口 27.9 万，面积 15 880 平方千米。下辖 7 个县，484 个自然村，首府为川圹。

（10）万象（Vientiane）省。万象省是老挝西北部的一个省。人口 47.3 万，面积 15 927 平方千米。下辖 11 个县，434 个自然村，首府为万荣。

（11）波里坎塞省。波里坎塞省是老挝中部的一个省。人口 30 万，面积 14 863 平方千米。下辖 7 个县，302 个自然村，首府为北汕。

（12）甘蒙省。甘蒙省是老挝中部的一个省，辖内多山，森林茂密。人口 40.8 万，面积 16 315 平方千米。下辖 10 个县，582 个自然村，首府为他曲。

（13）塞宋本省。塞宋本省是老挝中部的一个省，辖内多山，位于万象省和川圹省之间。原为塞宋本行政特区，2006 年撤销，原辖区并入临近两省，2013 年复设立。人口 8.3 万，面积 7 105 平方千米。下辖 5 个县，95 个自然村，首府为班芒查。

（14）沙湾拿吉省。沙湾拿吉省是老挝南部的一个省。人口 97.4 万，面积 21 774 平方千米。下辖 15 个县，1 015 个自然村，首府为沙湾拿吉。

（15）沙拉湾省。沙拉湾省位于老挝南部，湄公河从辖内西部流过，河的西岸为泰国。人口 40.5 万，面积 10 691 平方千米。下辖 8 个县，588 个自然村，首府为沙拉湾。

（16）色贡省。色贡省是老挝东南部的一个省。人口 10.9 万，面积 7 665 平方千米。下辖 4 个县，201 个自然村，首府为色贡。

（17）占巴塞省。占巴塞省是老挝西南部的一个省，南与柬埔寨和泰国相接壤。人口 69.1 万，面积 15 415 平方千米。下辖 10 个县，646 个自然村，首府为巴色。

（18）阿速坡省。阿速坡省是老挝东南部的一个省，南与柬埔寨相邻。人口 14.1 万，面积 10 320 平方千米。下辖 5 个县，147 个自然村，首府为阿速坡。

2.2 主要流域

2.2.1 概述

老挝江河众多，河网密集，国内主要河流为湄公河及其支流。除了湄公河水系外，其他重要的河流还有发源于北部的南马河、南明河和南桑河，这几条河流均汇入越南境内的江河，最终流入中国南海。

发源于中国的湄公河是中南半岛的第一大河，亚洲第三大河，全长 4 290 千米，在老挝境内约 1 987 千米，约占总长的 41%，其中包括内河 777 千米，老—泰界河 976 千米，老—缅界河 234 千米。老挝境内的湄公河是水路运输的主要干道，具有落差大、流量大且水力资源丰富的特点，其流经区域多为平原和丘陵地区，河流沿岸的冲积平原是老挝主要的农业区。

湄公河水量极其丰沛，具有流量大、落差大、水力资源丰富的特点，具有很大的开发潜力。同时，其时间分布差异明显，如在琅勃拉邦省的年径流总量为 $140\ 320 \times 10^6$ 立方米/年，其中雨季流量为 $98\ 200 \times 10^6$ 立方米/年，旱季流量为 $42\ 120 \times 10^6$ 立方米/年，雨季流量超过旱季流量 2 倍以上[5]。老挝境内较大的湄公河支流包括南乌江、南俄河、公河、色邦发河、色邦亨河等。

按照流量和区域地理状况，一般将老挝境内的湄公河划分为四段[8]，如图 2 - 3 所示：

（1）中国—老挝边境的南腊河口至老挝琅勃拉邦河段，全长 600 千米。该河段水流较急，河道较窄，平均河宽 60 ~ 300 米，船只通航能力较弱。

（2）琅勃拉邦至首都万象河段，河长约 417 千米，宽 400 ~ 500 米。部分位于琅勃拉邦的河段较窄，坡降较陡，多悬崖和浅滩。流经北礼（Pak Lay）河段后，河面逐渐变得开阔，南俄河水库——老挝境内最大的水库，就位于该河段的南俄河与湄公河交汇处。南俄河口下游开始，湄公河进入更为开阔的平原地区。

（3）万象至巴色（Pakse）河段，该段全长 715 千米，90% 以上的河段属于泰国与老挝的界河。这一河段根据河流水文特点可以划分为两部分：第一部分从首都万象至沙湾拿吉省凯山·丰威汉（Kaysone Phomvihane），长 458 千米，水流平缓，河道开阔，航行便利；第二部分从凯山·

丰威汉至巴色，这一部分水流湍急，险滩和暗礁较多。

（4）巴色至坤南（South Khone）河段，长 197 千米，两岸多海拔不足 100 米的低地平原。该河段河面宽阔，河中河岛和礁石众多，其中最大的河岛为孔埠岛，南部有孔埠瀑布群，宽 10 多千米，落差 15~25 米。

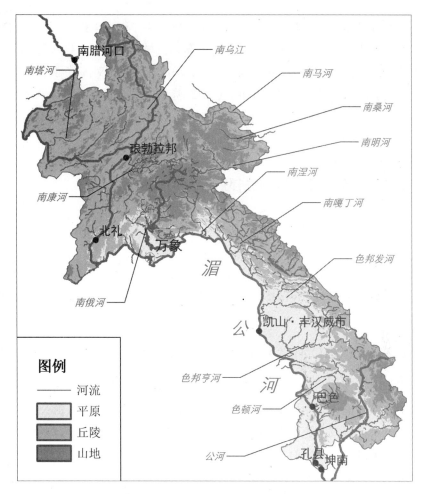

图 2-3　老挝主要河流水系图

2.2.2　湄公河（南腊—琅勃拉邦河段）

2.2.2.1　南塔河（Nam Tha River）

南塔河发源于中国和老挝边境的摩登山，流经琅南塔和博胶省后，于乌多姆塞省的巴塔汇入湄公河。河名"南塔"（Nam Tha）意为"绿色河流"，衍生出当地城市名琅南塔及省名琅南塔省。河流长度约 325 千米。主要支流有南通河（Nam Thoung River）。

2.2.2.2　南乌江（Nam Ou River）

南乌江是湄公河在老挝境内最长支流，发源于中国—老挝边境，流向自北向南，于北乌汇入湄公河。全长 448 千米，流域面积约 25 000 平方千米。全程均在山区，河床坡降陡峻，河谷曲折，河岸与谷底相对高差可达 500 米。主要支流有南葛河（Nam Nga River）、南巴克河（Nam Bak River）、南帕河（Nam Phak River）、南卵河（Nam Nua River）、南班河（Nam Ban River）、南孔河（Namkhang River）、南革河（Nam Ngay River）。

2.2.3　湄公河（琅勃拉邦—万象河段）

2.2.3.1　南康河（Nam Khan River）

南康河发源于会芬高原，向西流经华潘省和琅勃拉邦省，在琅勃拉邦市汇入湄公河。全长 90 千米，流域面积 6 100 平方千米，主要支流有南敏河（Nam Ming River）。

2.2.3.2　南俄河（Nam Ngum River）

南俄河也译作"南娥河""南岸河"，发源于川圹高原西北部的桑普山，自北向南而流，由山地流入平原，于万象东北班巴恩汇入湄公河。全长 354 千米，流域面积约 16 000 平方千米，沿岸平原是老挝北部地区面积最大的稻田区。流域内有老挝最大的水库——南俄河水库。主要支流包括南李河（Nam Lik River）、南宋河（Nam Xong River）等。

2.2.4　湄公河（万象—巴色河段）

2.2.4.1　南涅河（Nam Ngiap River）

南涅河发源于川圹省孟孔县，经过川圹省南部和波里坎塞省西部，于北汕西北境内汇入湄公河，全长 145 千米。主要支流有南芒河（Nam Mang River）。

2.2.4.2　南嘎丁河（Nam Kading River）

南嘎丁河上游由西北段和东南段两条河流组成，西北段为南荣河，发源于波里坎塞省的万通县；东南段为南腾河，发源于甘蒙省东北部的越南—老挝交界处，两河在波里坎塞省汇流后称南嘎丁河，经过北嘎丁县，在孟北嘎丁城区汇入湄公河。全长 103 千米，流域面积 3 370 平方千米。主要支流包括南空河（Nam Ngouang River）、南腾河（Nam Theun River）等。

2.2.4.3　色邦发河（Xe Bangfai River）

色邦发河也译作"宾非河"，发源于甘蒙省东南部布拉帕县的老挝—越南边界地区，流经格玛拉、马哈赛、农波等县区，在甘蒙与沙湾拿吉交界地区汇入湄公河。全长约 239 千米，流域面积约 8 500 平方千米。主要支流有色诺河（Xe Nou River）。

2.2.4.4　色邦亨河（Xe Banghai River）

色邦亨河也译作"宾汉河"，为老挝下寮地区的重要河流。发源于越南广治省的普东金山，流经老挝车邦、孟平、塔帮通和宋坤等县区，于宋坤西南的色邦亨汇入湄公河。全长 338 千米，流域面积 19 400 平方千米。该河支流较多，较大的支流有色占蓬河（Xe Champhone River）、色塔莫河（Xe Thamouak River）和车邦河（Nam Sepon River）等。

2.2.5　湄公河（巴色—坤南河段）

2.2.5.1　色顿河（Se Done River）

色顿河发源于波罗芬高原东北部色顿省的拉芒县西北地区，流经沙拉湾省的沙拉湾、瓦比、劳岸、空色顿和占巴塞省的沙拉颂汶等县区，在巴色市区汇入湄公河。全长 192 千米，流域面积 6 170 平方千米。主要支流包括文嘎河（Vang Ngao River）、空河（Kon River）、马万河（Mavang River）等。

2.2.5.2　公河（Se Kong River）

公河是湄公河下游最大支流，发源于老挝—越南边境的富良山脉南段，流向大致由北向南，经老挝南部流入柬埔寨，于上丁附近汇入湄公河。全长 320 千米，流域面积约 23 500 平方千米。河床嵌切在层叠的高原中，形成多级浅滩、跌水和瀑布，其中加丹瀑布高 100 多米。主要支流包括南洪河（Nam Khong River）、色卡曼河（Xe Kaman River）、黄鹤江（Huai Het River）等。

2.2.6　老挝东北部河流

老挝东北部的河流一般经过华潘省和川圹省汇入越南境内，最终流入中国南海。其中较大的有南马河（马江，Nam Ma River）、南桑河（朱江，Nam Sam River）和南明河（Nam Ming River）。

2.2.6.1　南马河

南马河从越南的班普马地区流入老挝华潘省，再经该省的孟厄和香科等县区流经越南入海，全长 470 千米，在老挝境内段长 80 余千米。南厄河是其最大的支流，发源于华潘省的东部山区，流经琅勃拉邦省东北部和华潘省的北部地区汇入南马河，长 100 余千米。主要支流有南华江（Nam Hua River）、南埃河（Nam Et River）、鑫河（Xim River）、宋罗河（Song Luong River）、宋嫩河（Song Len River）。

2.2.6.2　南桑河

南桑河发源于桑怒市北部的普芒里阿山（海拔 1 600 米），经桑怒市、桑岱县、桑怒县、万塞县等地，汇入朱江，最终经越南入海，全长 200 余千米，在老挝境内段长 100 千米。

2.2.6.3　南明河

南明河发源于老挝华潘省和琅勃拉邦省交界地区的普里阿山，经华潘省西南部和川圹省东北部流入孝河，经越南入海。全长 300 千米，在老挝境内 110 千米。

2.3　重要城市

2.3.1　万象市

万象，现为老挝人民民主共和国首都，老挝主要党政机关、联合国驻老挝机构、外国驻老挝使领馆均设在此，是老挝的政治、经济、文化和宗教中心。万象也称为"永珍",传说是公元前 300 年由一位当地的部落首领武里珍率领族人修建的,意为"武里珍之城",因古代盛产檀香木,故也有"檀木之城"的称号。地理坐标大致为北纬 17°57′,东经 102°36′,位于老挝中寮万象平原的南部。万象总面积 3 920 平方千米,总人口 82.8 万,下辖 9 个县,具体包括:赛色塔县、占塔武里县、迈帕克鼓县、西科达崩县、赛塔尼县、西沙达纳县、纳赛通县、哈赛丰县和桑通县。主要居民为老龙族,人口约占全市总人口的 80%,同时,居民还包括泰国、越南、中国、印度、法国、巴基斯坦等国的侨民。

2.3.1.1　自然地理

万象市位于老挝中部的万象平原上,是少数建于国界附近的首都,毗邻湄公河,与泰国隔河相望。其所在的万象平原,地貌特点为西北高东南低,西北部为山区,中部和东南部为平原。相对复杂的地势为丰富的生态系统提供了条件,万象地区自然植被的种类繁多,有森林、草原、沙生植物、水生植被、灌木等,其地表覆盖涵盖了耕地、草地、水域和林地等多种利用类型。

万象属于热带季风气候,但因复杂的地势,冬天早晚气温变化幅度较大,表现出和热带荒漠气候[9]相似的特征,气候资料统计如表 2 - 1 所示。

表 2 - 1　万象气候资料统计 (1961—1990)

	1 月	2 月	3 月	4 月	5 月	6 月	7 月	8 月	9 月	10 月	11 月	12 月
平均最高气温 (℃)	23.3	24.2	27.1	29	28.7	28.3	28	27.7	27.5	26.9	23.9	22.3
平均气温 (℃)	21.7	24	26.7	28.5	27.7	27.7	27.5	27.2	27	26.4	24.3	21.7
平均最低气温 (℃)	16.5	18.8	21.5	23.9	24.6	25	24.8	24.7	24.1	23.1	19.2	17.1
平均降水量 (mm)	5.6	12.2	35.6	84.6	254.6	273	265.6	322.5	295	87.3	9.9	2.8
平均降雨天数	1	2	5	8	16	18	19	21	17	8	2	1
日平均日照 (小时)	8.2	7.7	7	7.5	6.7	5.1	4.8	4.4	4.6	8	7.8	8.3

(资料来源:香港天文台[10])

万象气温常年在 0℃以上,月平均最高气温出现在 4 月,为 29℃。月平均最低气温出现在 1 月,为 16.5℃。万象地区多年平均年降水量为 1 648.7 毫米,降水一般集中在雨季,月平均最高降水量出现在 8 月,为 322.5 毫米,月平均最低降水量出现在 12 月,为 2.8 毫米。

2.3.1.2 内涝问题

万象市主要面临城市内涝问题，一般发生内涝的时间为雨季（5—11月），台风或暴雨在短时间内产生大量的降水，加上排水设施落后、土地利用不合理等因素，易使低洼地区发生洪水和内涝，导致道路、桥梁和房屋受到破坏。一般认为，万象发生内涝的主要原因包括城市自然环境破坏严重、排水基础设施落后、暴雨应急管理不完善三个因素[11]。

（1）城市自然环境破坏严重。

万象市是沿着湄公河而建的，随着城市化的发展，原来的洼地和湿地被填平，不透水下垫面的比例大大增加，造成蓄滞洪区逐渐消失，暴雨来临时径流量增大，汇流速度加快，发生内涝的概率增大。此外，万象市四周区域存在滥垦、滥伐的情况，脆弱的土壤难以保持水土，一到雨季，大量泥沙被雨水冲刷，淤积在排水通道内，严重影响其排水功能。

（2）排水基础设施落后。

目前，万象市排水设施在设计上存在一定的滞后问题，部分市区排水通道，如 Hong Khoua Khao、Makkhiao Stream 和 Hong Thong 仅能满足 10 年一遇洪水的排水需求，而部分小型排水通道的设计仅能满足 2 年一遇洪水的排水需求，随着全球气候变暖，极端降水事件增多，原有的标准已存在一定滞后性。此外，万象的排水渠道也普遍存在缺乏维护的情况，排水通道每年至少应该清理三次，但因资金短缺，这些排水通道得不到及时有效清理，致使一些通道中生长了大量的植物，无法满足暴雨时的排水需求。

（3）不完善的暴雨应急管理体系。

万象市暴雨应急管理体系的落后之处体现在两个方面：一是灾害应急的体制不完善，万象没有建立专门的应急部门处理内涝问题，各个单位各自管理，缺乏协调，导致当暴雨发生时，缺少具有专业知识的紧急救援队伍，常常耽误灾害救援的时机。二是相关法律法规不健全，老挝国家发展建设的起步较晚，目前尚未制定针对暴雨灾害管理的法律，使暴雨应急管理工作难以开展。

2.3.1.3 相应对策

针对内涝问题，目前万象市政府的做法是增加城市排水通道建设和防治内涝资金的投入。除了加强旧有排水管道建设外，也投入资金建设小型排水通道，如 Hong Ke、Hong Xeng、Hong Thong 和 Hong Khoua Khao 等，通过管道收集的雨水及废水被输送到 That Luang 湖、Nakai 湖和 Mak Hiao 河，最终汇入湄公河。

2.3.2 琅勃拉邦市

琅勃拉邦市是位于老挝北部的一座城市，为琅勃拉邦省的首府，也是老挝的第二大城市，又名"銮佛邦"。人口约 8 万（2013 年），是老挝北部发展最快、城市化水平最高的城市。旅游业是琅勃拉邦市的主要支柱产业，作为佛教圣地古都，琅勃拉邦市内完好地保存了许多著名的寺庙、传统老挝式建筑物及法国殖民时期老建筑[12]。

琅勃拉邦按照市政规划布局，可以分为四个区域：

（1）文化遗产保护核心区，是琅勃拉邦市的政治、文化、经济中心，该地区沿湄公河左岸和南康河左岸延伸，琅勃拉邦省政府和市政府、联合国世界遗产办公室、国家博物馆和香通寺都在这片区域。

（2）新城区，位于湄公河右岸，在琅勃拉邦市北面的苏哈努冯大学及机场附近。

（3）环境协调区，该部分城区有大量联合国教科文组织划定的山体及农田保护区，在《琅勃拉邦世界文化遗产保护规划》中有详细列出。

（4）自然风景区，主要是旅游景区。

2.3.2.1 自然地理

琅勃拉邦市位于南康江与湄公河汇合处，其状似"L"形半岛，面积不到 10 平方千米，人口约 8 万（2013 年）。城市市区沿湄公河左岸延伸，地势平缓，平均海拔约 290 米。琅勃拉邦的气候资料统计如表 2 - 2 所示。

表 2 - 2　琅勃拉邦气候资料统计（1961—1990）

	1 月	2 月	3 月	4 月	5 月	6 月	7 月	8 月	9 月	10 月	11 月	12 月
平均最高气温（℃）	27.4	30.8	33.1	34.4	33.8	32.4	31.8	31.5	31.9	30.8	28.5	26.3
平均气温（℃）	19.1	21.6	24.4	26.9	27.7	27.6	27	26.7	26.4	24.8	21.9	18.6
平均最低气温（℃）	14.2	15.4	18	21.4	23.5	24.5	24	23.5	22.9	21.1	18	14.4
平均降水量（mm）	15.2	18.6	29.8	107.9	147.2	258.2	228.4	288.6	172.6	126.2	40.1	10.1
平均降雨天数	2	2	9	12	14	16	19	12	6	3	1
日平均日照（小时）	6.2	7.3	6.4	6.9	6.4	4.5	4.1	4.6	6	6.3	6	5.6

（资料来源：香港天文台[13]）

琅勃拉邦气温常年在 0℃以上，月平均最高气温出现在 4 月，为 34.4℃。月平均最低气温出现在 1 月，为 14.2℃。年平均降水量为 1 442.9 毫米，降水一般集中在雨季，月平均最高降水量出现在 8 月，为 288.6 毫米，月平均最低降水量出现在 12 月，为 10.1 毫米。

2.3.2.2　城市污水

琅勃拉邦市是一个以服务业为支柱产业的城市，工业基础薄弱，无重工业企业，仅有几所小型工厂，污水主要来自服务行业如超市、餐厅和酒楼，或市政公共设施如政府机关单位等。因技术限制和资金的缺乏，琅勃拉邦市目前无公共城市污水处理设施，又因行政管理能力的不足，目前市内仅要求较大的服务性单位如大型宾馆、工业品工厂和市政工厂按老挝政府制定的《城市污水排放标准》的要求排放污水[14]。

随着城市的迅速发展，特别是旅游业的发展，目前琅勃拉邦市城市污水的排放量远远超过琅勃拉邦城市发展管理机构的管理能力，加上居民城市污水排放管理理念的不足，生产及生活中的废水往往直接排入公共排水管网，使城市污水问题变得越来越突出。

2.3.2.3　相应对策

由于受经济社会现状的制约，大部分老挝市镇的排水仍然依赖天然排水系统。琅勃拉邦市政府利用当地的地理位置，结合合理的规划，建设了一种与当地经济条件相符合的排水系统，即沿着两岸地势的起伏修建排水渠道，使水流从高处向低处流，或利用天然河道的分支帮助污水排放。

在管理方面，近期琅勃拉邦城市管理机构与环境部门协调，对琅勃拉邦的城市排水系统进行了统一管理，同时对新城区和计划开发区的排水系统进行统一设计。

2.4　洪涝灾害

2.4.1　概述

澜沧江—湄公河流域的范围从北纬 9° 延伸到北纬 34°，流域内大部分区域是热带、亚热带季风气候，降水充沛，年平均径流总量达 4 750 亿立方米，排名世界第八位[15]。湄公河流域水量在时空上分布不均，呈现出年内旱季和雨季周期变化的特点。雨季集中了一年超过 70% 的水量，下湄公河的大部分地区雨季径流量可达 20 000 立方米/秒，最大可达 66 000 立方米/秒，旱季则平均流量不足 2 000 立方米/秒。

　　老挝地处湄公河流域的中下游地区，80% 以上的国土处于湄公河流域范围内，一直以来饱受洪涝灾害的影响，洪水对居民的生命、财产造成了巨大威胁，例如，2006 年在南塔河流域发生的强降雨，两天内降水量为53～113 毫米，132 个村庄因此受到山洪的威胁[16]；2014 年 8 月 1 日，占巴塞省发生的洪水造成 2 人死亡，7 391 公顷的农田被淹没[17]。如何预防和减少洪涝灾害的影响，一直是摆在老挝政府和人民面前的重要问题。

2.4.2　近年来典型洪涝灾害

　　（1）2016 年 8 月 11—12 日，受短时间强降水的影响，老挝的乌多姆赛、沙耶武里和琅勃拉邦地区受到影响，沙耶武里和琅勃拉邦地区 22 个村庄有 4 977 人受灾。

　　（2）2015 年 9 月 10 日，老挝琅勃拉邦省的北部山区发生山洪和山体滑坡，奈法村（Nafay Village）有 2 人死亡，9 栋房屋被摧毁，19 栋房屋受到严重损坏。

　　（3）2015 年 8 月 2 日，老挝波里坎塞省发生连续暴雨，引起的洪水影响了 10 个村庄，超过 1 000 户家庭受灾。同时，华潘省、甘蒙省和丰沙里省的部分地区也受到暴雨和洪水的影响，丰沙里省的博南区（Boun Neua District）24 小时内的降水超过 50 毫米。图 2-4 为老挝政府向受灾群众分发援助品。

图 2-4　老挝政府向受灾群众分发援助品

（图片来源：FloodList）

（4）2014 年 8 月 8 日，受台风影响，柬埔寨和老挝南部占巴塞省地区发生大洪水，柬埔寨地区约有 4 400 户家庭受灾，柬埔寨桔省（Kratie）的一座水库发生溃坝。老挝占巴塞省部分地区也受到本次洪水的影响，1 人死亡，30 个村庄受灾，6 000 公顷的农田被洪水淹没。

（5）2013 年 9 月 16—19 日，受到台风影响，老挝南部的沙拉湾省、色贡省、阿速坡省和占巴塞省发生洪水，1 人失踪，14 人受伤，洪水影响了 38 个村庄，超过 2 000 户家庭受灾，7 000 公顷的农田被洪水淹没。如图 2 - 5 所示：

图 2 - 5　被洪水淹没的村庄

（图片来源：FloodList）

（6）2013 年 6 月 22—23 日，受台风影响，波里坎塞省的南汕河（Nam Xan River）水位暴涨，多处河堤发生决口，至少 9 个村庄的 5 000 人受灾，在此后的 8 周中，台风"飞燕"的袭击带来了持续降雨，据估算，约 110 000 人受到洪水影响，20 人死亡。洪水严重破坏了当地的交通和农业生产，超过 6 000 公顷的稻田被破坏。如图 2 - 6 所示：

图 2 - 6　洪水淹没的街道

（图片来源：FloodList）

2.4.3　洪涝灾害特征

　　老挝境内主要水系为湄公河水系，因水系众多，特别是几个较大支流的汇入，湄公河中下游段具有独特的洪水特征，即除了每年的最大洪峰以外，湄公河干流还会有几个很少属于同一场洪水事件的次级洪峰，且最大洪峰出现时间也有较大差异[15]。例如，清盛和巴色相距约 1 500 千米，巴色站历史最大洪峰（1978 年）为 57 800 立方米/秒，而在清盛的最大值仅为巴色的 17.9%。1978 年，清盛站的年最大洪峰发生在 9 月上旬末，而巴色站则发生在 8 月中旬。1993 年最大洪峰，清盛站出现在 8 月中旬，巴色站却出现在 7 月中旬。这与澜沧江—湄公河主要径流补给区在清盛站以下的降雨时空分布模式一致，但若以上、下湄公河两段而言，与一般大河流域年最大洪峰下游迟于上游的规律相反。1966—2005 年洪水灾害对老挝造成的经济损失如表 2 - 3 所示：

表 2-3　1996—2005 年老挝洪涝灾害经济损失

发生时间	灾害类型	经济损失（美元）	发生地点
1966 年	大洪水	1 380 000	中寮
1968 年	一般洪水	2 830 000	下寮
1969 年	一般洪水	1 020 000	中寮
1970 年	一般洪水	30 000	中寮
1971 年	大洪水	3 573 000	中寮
1972 年	洪水和旱灾	40 000	中寮
1973 年	一般洪水	3 700 000	中寮
1974 年	一般洪水	180 000	
1976 年	山洪	9 000 000	中寮
1978 年	大洪水	5 700 000	中寮和下寮
1979 年	洪水和旱灾	3 600 000	下寮
1980 年	一般洪水	3 000 000	中寮
1981 年	一般洪水	682 000	中寮
1984 年	一般洪水	3 430 000	中寮和下寮
1985 年	大洪水	1 000 000	上寮
1986 年	洪水和旱灾	2 000 000	中寮和下寮
1990 年	一般洪水	100 000	中寮
1991 年	洪水和旱灾	3 650 000	中寮
1992 年	洪水、旱灾、森林大火	302 151 200	中寮
1993 年	洪水和旱灾	21 827 927	中寮和下寮
1994 年	一般洪水	21 150 000	中寮和下寮
1995 年	一般洪水	15 300 000	中寮
1996 年	大洪水、旱灾	10 500 000	中寮
1997 年	洪水和旱灾	1 860 300	下寮
1999 年	一般洪水	7 450 000	中寮
2000 年	一般洪水	12 500 000	中寮和下寮
2001 年	山洪	8 000 000	中寮和下寮
2002 年	大洪水、山洪和山体滑坡	24 454 546	全境
2004 年	一般洪水	20 750 000	下寮
2005 年	山洪和山体滑坡	218 304	中寮和下寮

（资料来源：日本气象厅气象研究所[16]）

根据结果统计，1966—2005 年，老挝平均 10 年发生一次大洪水，洪水平均每年给老挝造成约 1 600 万美元的经济损失。从发生的空间分布上看，中寮地区为洪水发生最为频繁的地区，其次为下寮，这两个区域平原和丘陵地带较多，是老挝重要的农业区，人口密度也相对较大，发生洪水时造成的损失也较大。

2.5   主要水利工程

老挝是一个水电资源丰富的国家，湄公河在老挝境内总长 6 000 多千米，有 100 余条支流，这些河流具有落差大、河谷间盆地较多、河谷深窄和沿岸河床稳定的优点，加上老挝人口较少，特别是在山区人口密度不大，相对较少的工矿企业和农田等人类活动对水电项目建设的影响也较小，因此非常适合水电项目的建设。

水电工业在老挝的工业产值和 GDP 中均占有较大比重，2002 年老挝总发电量为 36.03 亿千瓦时，且主要用于电力出口，2002 年老挝出口电力 27.98 亿千瓦时，创收外汇接近 1 亿美元。

老挝的水电工程项目一般为外商投资和合作，1989—2002 年外国对老挝投资了 70 多亿美元，其中接近 60 亿美元用于电力项目的协议。近年来，老挝大力发展 BOT 模式进行水电项目投资，已逐步探索和形成了成熟的外资引进和投资体系。

2.5.1   BOT 模式

BOT 模式为英文 build – operate – transfer 的缩写，即建设—经营—移交模式，是政府授予承包商一个基础设施项目的特许经营权，承包商负责项目的设计、融资、建设以及运营，在收回投资成本、偿还债务、赚取相应的利润，在特许期结束后将项目所有权无偿转移给政府，并由政府继续运营项目的模式[18]。

老挝电力行业由老挝能源与矿产部监管，同时政府设立了老挝电力公司（Electricite du Laos）进行项目监管，同时授权独立电力开发商（Independent Power Producer）投资经营。目前，老挝电力行业主要投资国家有越南、新加坡、泰国、马来西亚、中国、日本、加拿大、法国、韩国、挪威，以及中国台湾等国家和地区。

2.5.2 已建水电站项目

根据老挝能源与采矿部的水电站建设资料，截至 2015 年，老挝已建成的装机容量在 10MW 以上的水电站项目共有 15 个，总装机容量为 3 251.8MW。地理位置如图 2-7 所示，各水电站的详细情况如表 2-4 所示。

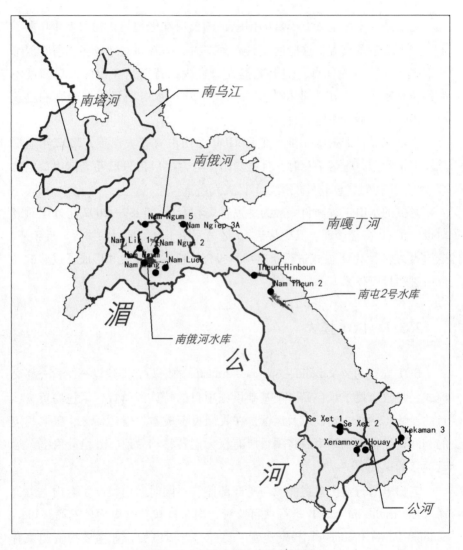

图 2-7　老挝大型水电站位置图

表 2-4 老挝已建成水电站项目参数

工程名称	位置	装机容量（MW）	投资公司	建成时间	主要供电市场
南俄 1 号水电站（Nam Ngum 1）	万象省	155	EDL（老挝）100%	1984	泰国和老挝
Se Xet 1	沙拉湾	45	EDL（老挝）100%	1984	泰国和老挝
屯河—钦本河水电站（Theun – Hinboun）	波里坎塞	220	EDL（老挝）60%，Nordic Group（挪威）20%，GSM（泰国）20%	1998	泰国
Houay Ho	占巴塞和阿速坡	152	EDL（老挝）20%，Hemaraj Land & Development（泰国）12.75%，Glow Co., Ltd（泰国）67.25%	1999	泰国
南屯 2 号水电站（Nam Theun 2）	甘蒙	1 080	LHSE（老挝）25%，EDF（法国）40%，EGCO（泰国）35%	2005	泰国和老挝
Nam Lik 1-2	万象省	100	EDL（老挝）20%，CWE（中国）80%	2010	老挝
色可曼 3 号水电站（Xekaman 3）	色贡	250	EDL（老挝）15%，VLPC（越南）85%	2010	越南和老挝
南俄 2 号水电站（Nam Ngum 2）	万象省	615	EDL（老挝）25%，Shlapak Group（美国）4%，Ch. Kanchang（泰国）28.5%，PT Construction & Irrigation Co., Ltd（老挝）4%，Ratchburi（泰国）25%，Bangkok Expressway PCL（泰国）12.5%，TEAM Consulting Engineering 1%	2011	泰国

（续上表）

工程名称	位置	装机容量（MW）	投资公司	建成时间	主要供电市场
Nam Ngum 5	万象省和川圹省	120	EDL（老挝）15%，Sino-hydro（中国）85%	2012	老挝
Theun – Hinboun Expansion	波里坎塞	280	EDL（老挝）60%，Nordic Group（挪威）20%，GSM（泰国）20%	2012	泰国和老挝
Nam Luek	万象省	60	EDL（老挝）100%	2012	老挝
Nam Mang 3	万象省	40	EDL（老挝）100%	2012	老挝
Se Xet 2	沙拉湾	76	EDL（老挝）100%	2012	泰国和老挝
Xenamnoy 1	阿速坡	14.8	Phongxubthavi Bridge – road Construction company 100%	2013	老挝
Nam Ngiep 3A	川圹	44	Phongxubthavi Bridge – road Construction company 100%	2014	老挝

（资料来源：老挝能源与采矿部[19]）

2.5.3　部分大型水电站介绍

2.5.3.1　南屯2号水电站

南屯2号水电站（见图2-8）位于老挝甘蒙省纳凯平原（Nakai Plateau）的一座悬崖的底部，目前由南屯2号电力公司（NTPC）经营。水电站大坝建成于2005年，2010年正式发电。在未来的25年内，南屯2号水电站预计将会给老挝政府带来20亿美元的财政收入。

工程的建设形成了一个平均水深为7米的水库，淹没了纳凯平原40%的面积，水库面积约450平方千米。水库蓄水总量为39亿立方米，而水库所在的南屯河的多年平均年径流量为75亿立方米，因此水库在雨季能被轻易蓄满。

水库的大坝为重力坝，高39米，坝顶长度325米，水库西面还有13座小的土坝。为了保证水库运行安全，水库设有专门的溢洪道和消力池。

南屯2号水电站拥有4座混流式水轮机（每座功率为250MW），年发电量5 656GWh，其中95%的电力用于出口至泰国[20]。此外，还有2座冲击式水轮机（每座功率为 43MW），年发电量为 300GWh，主要用于满足电站内部的用电需求。

图 2 - 8　南屯 2 号水电站

（图片来源：NTPC）

2.5.3.2　屯河—钦本河水电站

屯河—钦本河水电站的建设规划要追溯到 1993 年，当时老挝国内发电量和电力需求均较小，而泰国是老挝电力工业的天然市场。在 1993 年，老挝和泰国签署了向泰国出口电力的备忘录，而在整体规划中，屯河—钦本河水电站被认为是最合适的项目。工程于 1994 年 11 月动工，于 1998 年 3 月 31 日正式运行。其扩展工程（Theun - Hinboun Expansion）于 2008 年动工，2010 年完工。

（1）原始工程。

屯河—钦本河水电站位于班肯比（Ban Kengbit），工程使用一条 6 千米长的地下输水管，将水流输往位于南海村（Nam Hai Village）的发电机房，水流落差 235 米，通过两台 220MW 的电机，最终电力通过一条 86 千米的高压输电线输往泰国（见图 2 - 10）。工程年发电量为 1 400GWh。

（2）扩展工程。

为了充分利用南屯河在旱季的发电潜力，屯河—钦本河电力公司

（THPC）决定扩充发电机组。综合考虑多方观点后，计划在南屯河的一条
支流南广河（Nam Gnouang）上修建一个水库。工程于2008年动工。

　　建成后的南广河大坝长480米，高65米，有5个闸门，仅用于雨季泄洪
（见图2-9）。南广河大坝的发电机组功率为60MW，电力主要供应老挝国内。

　　水流经过南广河电站后，流入南屯河，再流经原始工程所在的屯河—
钦本河大坝（Theun-Hinboun Dam），经过调整，更多的水量将进入发电
系统。同时，在旧有发电机组的基础上，还增加了一台220MW的混流式
水轮机，最终使工程的总功率提升至510MW[21]。

图2-9　南广河大坝

（图片来源：THPC）

图2-10　屯河—钦本河发电站示意图

（图片来源：THPC）

2.5.3.3 色可曼 3 号水电站

色可曼 3 号水电站（见图 2-11）位于老挝色贡省的越—老边境地区。2006 年动工，2010 年完工，总耗资 2.73 亿美元。老挝的 EDL 公司占股份 15%，越南的 VLPC 公司占股份 85%。

水库面积 712 平方千米，总库容 1.415 亿立方米，动库容 1.085 亿立方米，大坝为混凝土面板堆石坝（CFRD），坝顶长度 542.6 米，坝高 101.5 米，其他设施包括 1 条长 7 358.5 米、直径 4 米的输水涵洞，1 条长 261.6 米、直径 3 米的水渠。

电机设计过水量 12.7 立方米/秒，水头落差 520 米，装机容量 250MW，年平均发电量 977.6GWh，90% 的发电量出口至越南。

图 2-11 色可曼 3 号发电站

（图片来源：EDL）

2.5.3.4 南俄 1 号水电站

南俄河是老挝的主要河流之一，提供了 1 600MW 的发电潜能。目前南俄 1 号水电站装机容量为 150MW。2003—2004 年，对 1 号机组和 2 号机组进行了升级，每台机组的装机容量由 15MW 提升至 17.5MW，目前南俄 1 号水电站的总装机容量为 155MW。相关参数如表 2-5 所示。

表 2-5 南俄 1 号水电站相关参数

电站参数		水库参数	
总装机容量	155MW	流域面积	$8\ 460km^2$
年平均发电量	1 025GWh	设计洪水位	212.3m
大坝参数		低水位	196.0m
类型	混凝土重力坝	校核洪水位	213.0m
长度	468m	水库面积	$370km^2$
高度	70m	动库容	$7\ 030 \times 10^6\ m^3$

（资料来源：南俄 1 号水电站管理处提供）

南俄 1 号水电站位于老挝首都万象市以北大约 90 千米处，工程主要包括 3 期：

（1）南俄 1 号一期工程。

南俄 1 号一期工程修建于 1968 年，完成于 1971 年，工程耗资 2 800 万美元。工程项目包括一座混凝土重力坝（见图 2-12），一座有 2 台发电机（每台发电机功率为 15MW）的发电机组和 3 台额外的预备机组，一条 115KV 的高压输电线（由南俄 1 号电站通往万象和泰国）。

（2）南俄 1 号二期工程。

工程于 1976 年开工，1978 年交付使用，总投资 4 900 万美元。项目包括一座溢洪闸、一座 3 台电机组成的发电机组（每台发电机 40MW），一条 115KV 的高压输电线（由南俄 1 号电站通往万象和泰国）。

（3）南俄 1 号三期工程。

工程于 1983 年开工，1984 年完工交付使用，总投资 2 000 万美元，总装机容量 40MW，年发电量 865GWh。

图 2 – 12　南俄 1 号大坝

（图片来源：老挝能源与采矿部）

2.5.3.5　南俄 2 号水电站

南俄 2 号水电站位于万象市以北 90 千米、南俄 1 号水库大坝上游 35 千米处，大坝建设开工于 2005 年，完成于 2011 年。

南俄 2 号大坝是一座混凝土面板堆石坝，长 485 米，高 181 米。大坝有 2 个混凝土制的 U 形导流洞，3 座法式水轮机，总装机容量为 615MW，年发电量 2 220GWh，电力主要输往泰国（见图 2 – 13）。

图 2 – 13　南俄 2 号大坝

（图片来源：老挝能源与采矿部）

参考文献

［1］中国外交部．老挝国家概况［EB/OL］．（2016－12－23）［2017－02－18］．http：//www. fmprc. gov. cn/web/gjhdq_676201/gj_676203/yz_676205/1206_676644/1206x0_676646/.

［2］郝勇，黄勇，覃海伦．老挝概论［M］．广州：世界图书出版广东有限公司，2012.

［3］孙岩松（Xayasone XONGYONGYAR）．基于湿热气候的老挝沥青路面分区及沥青混合料性能评价方法研究［D］．西安：长安大学，2014.

［4］世界银行．Statistic data in Lao PDR［EB/OL］．（2016－12－21）［2017－02－18］．http：//data. worldbank. org/country/lao－pdr.

［5］马树洪，方芸．列国志——老挝［M］．北京：社会科学文献出版社，2004.

［6］NH B. IPCC default soil classes derived from the Harmonized World Soil Data Base（Ver. 1. 1）．Report 2009/02b［R］．Wageningen：Carbon Benefits Project（CBP）and IS-RIC－World Soil Information，2010.

［7］BUREAU L S. Statistical Yearbook 2014［EB/OL］．（2015－03－30）［2017－02－17］．http：//www. lsb. gov. la/en/statistic2014. php.

［8］申旭，马树洪．当代老挝［M］．成都：四川人民出版社，1992.

［9］马树洪．老挝首都万象市［J］．东南亚，1992（3）．

［10］香港天文台．万象〔老挝〕气候资料［EB/OL］．（2014－04－16）［2017－03－19］．http：//www. weather. gov. hk/wxinfo/climat/world/chi/asia/se_asia/vientiane_c. htm.

［11］杨莎娜．治理理论视角下老挝万象市城市内涝防治研究［D］．南宁：广西民族大学，2016.

［12］KHIEMTHAMMAKHOUN PHETVIENGCHAN（王玉）．老挝琅勃拉邦古城社区居民的旅游认知研究［D］．昆明：昆明理工大学，2013.

［13］香港天文台．琅勃拉邦〔老挝〕气候资料［EB/OL］．（2014－04－16）［2017－03－19］．http：//www. weather. gov. hk/wxinfo/climat/world/chi/asia/se_asia/luangprabang_c. htm.

［14］陈飞翼．老挝琅勃拉邦省城市污水排放管理对策研究［D］．南宁：广西民族大学，2013.

［15］何大明．澜沧江——湄公河水文特征分析［J］．云南地理环境研究，1995（1）．

［16］日本气象厅气象研究所．Country Report On Hydro－Meteorological Disaster in Lao PDR［EB/OL］．（2009－01－30）［2017－02－19］．http：//www. mri－jma. go. jp/Project/Kashinhi_seasia/kyoto2008/.

［17］WMO 台风委员会．Member Report in Lao PDR［EB/OL］．（2014－10－20）

［2017 - 02 - 22］. http：//www. typhooncommittee. org/9IWS/DOCS/Members％20Report/ LAO/MEMBER％20REPORT_Laos. pdf.

［18］吴海西. 基于基础设施项目特征的 BOT 模式匹配研究［D］. 大连：大连理 工大学，2011.

［19］Operation projects［EB/OL］.（2014 - 12 - 30）［2017 - 03 - 19］. http：// poweringprogress. org/new/power - projects/operation.

［20］Project in brief［EB/OL］.（2015 - 12 - 29）［2017 - 03 - 22］. http：// www. namtheun2. com/index. php/about - us/project - in - brief.

［21］Theun-Hinboun Power Company［EB/OL］.（2016 - 01 - 30）［2017 - 03 - 25］. http：//www. thpclaos. com/index. php? lang = en.

第 3 章　马来西亚

3.1　国家简介

马来西亚（Malaysia），全称为马来西亚联邦（The Federation of Malaysia），民间简称大马。马来西亚地处东南亚群岛和亚洲大陆的交接处，国土面积约 33.03 万平方千米，海域面积约 63.78 万平方千米，其中内水和领海面积 16.1 万平方千米，海洋与陆地比例约为 2∶1[1]。全境被南海分隔，大致可以分为东、西两部分。东半部分通常称为"东马"，位于婆罗洲岛的北部，其南部与印度尼西亚的加里曼丹相邻，北部与文莱接壤，北面与中国和菲律宾隔海相望。西半部分则一般称为"西马"，是马来西亚的政治、文化、经济和交通中心，位于马来半岛，南部隔柔佛海峡与新加坡相邻，北部与泰国接壤，西南部隔马六甲海峡与印度尼西亚的苏门答腊岛相望。

马来西亚自然资源丰富，重要的矿产资源有金、铁、煤、锰、钨、铝土等，曾经是世界产锡大国，近年来因过度开采，产量逐年减少。马来西亚境内还存在着大片原始森林，生长着各种珍稀动植物，其中巨猿、蝴蝶和兰花被称为马来西亚的三大珍宝[2]。

在 15 世纪以前，马来半岛地区出现了众多早期国家，如羯荼、狼牙修、柔佛等古国，这些国家大多与中国有贸易或朝贡关系。15 世纪初，以马六甲为中心的马六甲苏丹国初步统一了马来半岛，形成了今天马来西亚的国家雏形。自 16 世纪初葡萄牙殖民者攻陷马六甲开始，马来西亚地区逐步沦为殖民地，先后被葡萄牙、荷兰和英国殖民统治。婆罗洲的沙捞越和沙巴历史上曾属于文莱，1888 年沦为英国保护地。第二次世界大战期间，马来半岛、沙捞越和沙巴曾短暂被日本占领，战后英国恢复殖民统治。1957 年 8 月 31 日马来亚联合邦宣布独立。1963 年 9 月 16 日，马来亚联合邦与新加坡、沙捞越、沙巴合并组成马来西亚（新加坡于 1965 年 8 月 9 日退出[3]）。

政治上，马来西亚实行君主立宪联邦制，在 9 个世袭苏丹中轮流选举产生最高元首和副最高元首[4]。经济上，自 20 世纪 70 年代以来不断调整产业结构，大力推行出口导向型经济，推动经济转型。外交上，马来西亚重视"经济外交"，奉行独立自主、中立、不结盟的外交政策，积极参与国际事务和地区合作。

3.1.1　自然地理

马来西亚位于东南亚中心位置，地处北纬 1°～7° 和东经 97°～120°，中有南海将国土分为西马来西亚和东马来西亚两大部分，两地最近处约530 千米，最远处约 1 500 千米。全国陆地边境总长约 2 710 千米，海岸线约 4 490 千米，其中西马海岸线 1 735 千米，东马海岸线 2 755 千米[5]。

马来西亚的地形主要以平原、丘陵和山地为主，高山较少。多数山地海拔不超过 2 000 米，整体地势由内陆地区向沿海逐渐降低，境内无大型跨国河流，独立水系众多。

3.1.1.1　地形

马来西亚的地形大体上呈现由内陆向沿海逐渐降低的趋势，内陆地区多为热带雨林覆盖的山脉和高原，沿海地区则以平原居多，海岸线附近存在大片沼泽。西马和东马在地质上同属于巽他大陆架中部[6]，故地貌和地质上均有一定的相似之处，尽管也有一些各自的特点。

西马多丘陵，地势北高南低，三面环水。8 条大体平行的山脉自西北向东南纵贯马来半岛，西马最大的山脉是中央山脉（Banjaran Besar），自泰国的北大年起，绵延进入马来西亚，经过霹雳、吉兰丹、雪兰莪、森美兰和彭亨，直至马六甲，将西马分隔成东西两部分。中央山脉以东的土地较为广阔，冲积平原密布，土地肥沃。大汉山脉（Banjaran Tahan）沿吉兰丹、登嘉楼和彭亨向南延伸，地势逐渐降低；中央山脉以西地势低平，多湿地和沼泽。

东马按照地形可分为海岸区域、河谷、丘陵和内陆山区，以内陆的塔玛阿布山脉（Banjarn Tama Abu）和伊朗山脉（Pergunungan Iran）为中心，从内地向沿海逐渐降低，西部沿海为冲积平原，是重要的水稻种植区。沙捞越州自东南向西北倾斜，西面为沿海平原，东面为伊朗山脉，其山峰海拔多在 2 000 米以上。沙巴州地势由内陆向东西两侧递降，克拉克山脉（Banjaran Crocker）南北纵贯，其主峰基纳巴卢山高 4 104 米，是马来西亚第一高峰，山中古木参天、云雾缭绕、物种丰富、景色壮美，被当地人称为"神山"[7]。

此外，马来西亚还拥有众多的岛屿，如兰卡威岛、乐浪岛、槟城岛、刁曼岛、邦咯岛、诗巴丹岛等，但大部分岛屿的面积较小。

表 3 – 1   马来西亚主要山脉情况

	编号	名称	中文译名	编号	名称	中文译名
马来半岛	1	Banjaran Nakawan	那卡湾山脉	2	Banjaran Kedah – Singgora	吉打—孙姑那山脉
	3	Banjaran Bintang	宾唐山脉	4	Banjaran Keledang	凯莱当山脉
	5	Banjaran Titiwangsa/Besar	中央山脉	6	Banjaran Benom	本诺山脉
	7	Banjaran Tahan	大汉山脉	8	Banjaran Pantai Timur	潘太帖木山脉
婆罗洲	9	Banjaran Crocker	克拉克山脉	10	Banjaran Trus Madi	特鲁斯马迪山脉
	11	Banjaran Witti	维蒂山脉	12	Banjaran Maitland	梅特兰山脉
	13	Banjaran Brassey	布拉西山脉	14	Banjaran Tama Abu	塔玛阿布山脉
	15	Pergunungan Iran	伊朗山脉	16	Pergunungan Hose	贺斯山脉
	17	Banjaran Kapuas Hulu	卡普阿斯山脉	18	Banjaran Kelinkang	哥玲干山脉

（资料来源：DID）

3.1.1.2   气候

马来西亚地理位置靠近赤道，纬度介于 $1°N \sim 7°N$，经度介于 $97°E \sim 120°E$，属于热带雨林气候和热带季风气候，全年高温多雨，温差小，相对湿度大，平均湿度为 $60\% \sim 90\%$，月平均气温 $25℃ \sim 26℃$，多年平均气温及降水量如图 3 – 1 所示。

马来西亚降水充足，年平均降水量为 1 900 ~ 2 400 毫米。每年 10 月至次年 1—3 月是降雨高峰期，寒冷的东北季风从亚洲大陆东部吹来，经过南海水面后携带大量水汽，为马来西亚的东部地区带来大量降水，此时月降水量为 500 ~ 600 毫米。5—6 月和 8—9 月，暖湿的西南季风由印度洋及爪哇海吹来，由于途中受印度尼西亚境内山脉的阻挡，加上风力较弱，此时降雨较少。4—5 月和 10—11 月是季风停滞或转换的时期，海陆风活跃。在西南季风期间，马六甲海峡南段东岸一带，常在夜间或黎明之前发生猝发性风暴，因风暴来自苏门答腊方向，当地人称之为"苏门答腊风"[8]（Sumatra Squall）。这种风暴来去匆匆，最长不超过 2 小时，最短不过几分钟，影响范围较小，但易在短时间内产生强降水。马来西亚较少受到台风影响，但多暴雨洪水、山体塌方灾害。

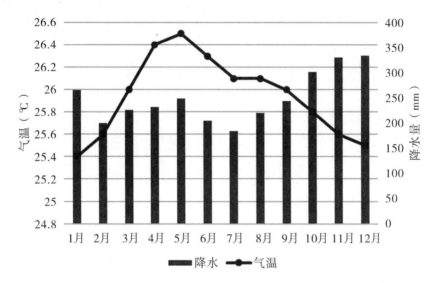

图 3 - 1　马来西亚多年平均气温及降水量（1900—2012 年）
（数据来源：世界银行[9]）

3.1.1.3　地表覆盖与植被状况

据统计，马来西亚面积占国土总面积 0.5% 以上的地表覆盖类型有常绿阔叶林、农业镶嵌林、永久湿地和城镇用地（Urban Area），其比例分别为 82.99%、12.14%、2.64%、0.87% 和 0.83%。从空间分布上看，西马中部以常绿阔叶林为主，北部和西南部的平原地区是农业种植区；东马多为热带雨林覆盖，故地表覆盖类型为常绿阔叶林。

马来西亚可耕地面积约为 1 150 万公顷，农业耕种面积 626 万公顷（不含林业）[7]，其中粮食作物为 84.1 万公顷，棕油种植为 410 万公顷，橡胶种植为 125 万公顷，胡椒和可可种植面积为 6.9 万公顷。

马来西亚林业资源十分丰富，据联合国粮农组织 2011 年报告统计，马来西亚现有森林 2 045.6 万公顷[10]，约占国土面积的 62%。按森林用途进行分类，马来西亚的森林可分为永久保存林、转化林、经济林和人工林。永久保存林中有343万公顷为保护林，另有约180万公顷作为国家公园和动植物保护区。

按照地理位置，马来西亚天然植被可分为三大林区，即马来半岛、沙捞越和沙巴。马来半岛上以热带雨林为主，其群系类型按海拔高度可划分为：①高山雨林，海拔1 300~2 300米，多为山地杜鹃林；②山地雨林，海拔760~1 500米，包括栎樟混交林和婆罗双林；③低地常绿雨林，海拔760米以下，植被带为库氏婆罗双林和平滑叶婆罗双林；④低地沼泽林，盛产商业木材，以南洋棱柱木为主；⑤低地龙脑香混交林，主要位于高原、丘陵和山脚地带，树木包括婆罗双、羯布罗双、龙脑香等属的树种[7]。

沙巴大部分的森林位于东海岸的山打根和塔瓦岛（斗湖）地区，其类型可分为辟地龙脑香林、次生林、山地林、红树林、淡水沼泽林和低地龙脑香林。

沙捞越森林按照分布及林分结构可分为高山林、灌木林、龙脑香混交林、泥炭沼泽林、红树林等。

3.1.1.4　土壤类型

按照联合国政府间气候变化专门委员会的一般土壤分类标准[11]，主要土壤类型包括低活性黏土、有机土、高活性黏土、湿地土壤、水体和沙质土，占国土面积的百分比分别为79.48%、8.07% 7.36%、4.22%、0.49%和0.37%。

3.1.2　行政区划

马来西亚目前由13个州（Negeri）和3个联邦直辖区（Wilayah Persekutuan）组成[12]，13个州中，玻璃市、槟城、吉打、霹雳、吉兰丹、登嘉楼、彭亨、森美兰、柔佛、雪兰莪、马六甲11个州位于西马，沙捞越和沙巴位于东马。三个联邦直辖区分别为西马的吉隆坡和布城，以及东马的纳闽。马来西亚的首都位于吉隆坡，联邦政府所在地为布城，各州的行政长官一般称为"苏丹"或"州长"，其中，吉打、霹雳、雪兰莪、森美兰、玻璃市、柔佛、登嘉楼、吉兰丹、彭亨等9个州由世袭苏丹担任州长，马六甲、沙巴、沙捞越和槟城4个州的州长则由国家元首任命[1]。马来西亚各一级行政区划的地理位置如图3-2所示，详细情况如表3-2所示。

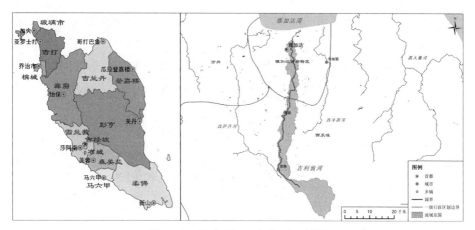

图 3-2 马来西亚一级行政区划图

表 3-2 马来西亚一级行政区划统计数据

州名	马来文名称	首府	马来文名称	2015 年人口（万人）	面积（平方千米）
玻璃市	Perlis	加央	Kangar	25.1	821
吉打	Kedah	亚罗士打	Alor Setar	212.07	9 500
槟城	Pulau Pinang	乔治市	George Town	171.93	1 048
霹雳	Perak	怡保	Ipoh	248.3	21 035
雪兰莪	Selangor	莎阿南	Shah Alam	629.84	8 104
森美兰	Negeri Sembilan	芙蓉	Seremban	109.97	6 686
马六甲	Melaka	马六甲市	Kota Melaka	90.17	1 664
柔佛	Johor	新山	Johor Bahur	365.51	19 210
彭亨	Pahang	关丹	Kuantan	162.81	36 137
登嘉楼	Terengganu	瓜拉登嘉楼	Kuala Terengganu	118.39	13 035
吉兰丹	Kelantan	哥打巴鲁	Kota Bharu	179.72	15 099
沙捞越	Sarawak	古晋	Kuching	274.1	124 450
沙巴	Sabah	亚庇	Kota Kinabalu	381.32	73 631
吉隆坡	Kuala Lumpur	—	—	178.72	243
纳闽	Labuan	—	—	9.78	91
布城	Putrajaya	—	—	8.33	49

（资料来源：马来西亚统计局[13]）

3.1.3 重要城市

根据人口数量、地理位置、地方经济活力、历史文化、基础建设等因素选取马来西亚的 15 座城市，其简况如表 3-3 所示。

表 3-3 马来西亚主要城市简况

编号	城市	中文译名	所属州（直辖市）	面积（平方千米）	人口（2010 年）
1	Kuala Lumpur	吉隆坡	吉隆坡	243	1 588 750
2	Kelang	巴生	雪兰莪	573	842 146
3	Johor Bahru	新山	柔佛	185	497 067
4	George Town	乔治市	槟城	123	708 000
5	Ipoh	怡保	霹雳	643	657 892
6	Kuching	古晋	沙捞越	431	658 549
7	Malacca	马六甲	马六甲	303	503 127
8	Shah Alam	莎阿南	雪兰莪	290	585 000
9	Kota Kinabalu	亚庇	沙巴	351	452 058
10	Seremban	芙蓉	森美兰	157	419 536
11	Sandakan	山打根	沙巴	521	291 289
12	Tawau	斗湖	沙巴	150	289 531
13	Kuala Terengganu	瓜拉登嘉楼	登嘉楼	605	285 065
14	Kota Baharu	哥打巴鲁	吉兰丹	394	279 316
15	Kuantan	关丹	彭亨	245	501 965

（资料来源：Wikipedia[14]）

3.1.3.1 吉隆坡

吉隆坡，也被称为'游子城'，位于马来半岛西岸，被雪兰莪州环绕，是马来西亚的首都兼最大城市，简称"隆"。城市面积 243 平方千米，人口约 178.72 万（2016 年）。广义的吉隆坡是一个有 780 万人的大都会，其范围包括几乎整个巴生河流域。吉隆坡是马来西亚国会所在地，联邦政府行政中心和国家皇宫曾位于此，但已于 1999 年迁往布城，目前仍有部分行政部门的办公场所设在吉隆坡。

整个吉隆坡大都会区的经济发展相对较为全面，尤其是农业和制造业都相当发达。吉隆坡的制造业，种类繁多，部门齐全，其产值和就业人数均居马来西亚全国第一[15]。而农业主要以橡胶业为主，伴随着橡胶业的发展，其相关工业如化工、机械、炼钢和水泥也获得了较大的发展，成为马来西亚重要的经济支柱。根据 2000 年的统计资料，吉隆坡市人均 GDP 为 30 727 林吉特，年增长率为 6.1%；总体 GDP 则为 25 968 百万林吉特，年增长率为 4.2%。市内劳动人口 838 400 人，服务业占 83%，制造业和营造业则占剩下的 17%[16]。

自然地理方面，吉隆坡地处巴生河流域，东面是蒂迪旺沙山脉，西面为马六甲海峡，南北皆有部分丘陵地带。吉隆坡的马来语意指"泥泞河口"，即巴生河和鹅麦河的交会处。气候上属于热带雨林气候，日照充足，降雨丰沛，特别是 10 月至次年 3 月东北季风盛行时。气温长时稳定，最高温在 31℃～33℃，从未超过 37.2℃；最低温在 22℃～23.5℃，未低于 17.8℃。平均年降水量为 2 600 毫米，尽管 6、7 月份比较干旱，但平均月降水量一般大于 125 毫米[15]（见表 3–4）。

当降雨量突增时，时常有水患发生，特别是在市中心及下游区域。另外，当附近的苏门答腊岛发生森林火灾时，其引起的尘土和灰烬会让吉隆坡深受霾害，是市区主要的污染来源。

表 3–4　吉隆坡气候资料统计（1961—1990）

	1 月	2 月	3 月	4 月	5 月	6 月	7 月	8 月	9 月	10 月	11 月	12 月
平均最高气温（℃）	31.9	32.8	33.1	33	32.8	32.5	32.1	32.2	31.9	31.8	31.4	31.5
平均气温（℃）	26.1	26.5	26.8	27	27.2	27	26.6	26.6	26.4	26.3	26.1	26
平均最低气温（℃）	22.1	22.3	22.8	23.4	23.1	23.1	22.7	22.7	22.7	22.9	22.9	22.5
平均降水量（mm）	162.8	144.7	218.4	284.8	183.9	126.8	129.2	145.5	192	272.3	275.4	230.4
平均降雨天数	10	11	14	16	13	9	10	11	13	17	18	15
日平均日照（小时）	6	6.9	6.7	6.6	6.7	6.5	6.5	6.1	5.5	5.5	5.1	5.2

（来源：香港天文台）

3.1.3.2 乔治市

乔治市是马来西亚槟城州的首府，位于槟城岛的北部，以英国国王乔治三世的名字命名，是英国在东南亚的第一个殖民地[17]。人口约 529 400（2012 年），而包括整个槟榔屿和相邻吉打州南部地区的乔治市都会约有人口 250 万。乔治市是槟城州乃至整个马来西亚北部地区的政治、经济、文化、金融和教育中心。

乔治市的人均 GDP 为 33 456 林吉特（2010 年），位居马来西亚第三[18]。主要经济部门包括制造业、金融业、服务业和航运等。制造业是乔治市经济最重要的部分，其产值占全市 GDP 的 45.9%（2000 年）。而转口贸易所占经济的比重则持续下降，部分原因是首都吉隆坡附近巴生港的积极发展。

乔治市在 2008 年 7 月 7 日正式加入联合国世界文化遗产名录，其建筑风格新旧交错，吸引了许多海内外游客。同时，其所在的槟城州也是马来西亚最多华文中学的州。

3.1.3.3 新山

新山又名柔佛巴鲁，是马来西亚的第四大城市，也是柔佛州的首府。位于马来半岛的最南端，与新加坡仅隔 300 多米的柔佛海峡。新山市区人口约 497 067 人（2010 年），而整个新山都会区的人口为 180 万人，是马来西亚仅次于吉隆坡和槟城的大都会区。

新山盛产橡胶，是马来半岛南部的橡胶集散中心。市郊有淡杯、惹兰拉庆等工业区，有电子、纺织、电池、石油化工、机械等工厂。而与新加坡仅有一水之隔的地理条件也为新山的经济带来了便利，每年新山会接待来自新加坡的旅客约 16 万人，许多在新加坡工作的人居住在新山，旅游业在新山的经济发展中占有重要地位。

3.1.3.4 怡保

怡保位于吉隆坡北面约 200 千米，乔治市南面约 160 千米，是马来西亚北部城市和霹雳州的首府，也是次于吉隆坡、槟城、新山后的第四大都市圈。因四周多岩石山岭，怡保也有"山城"的称号，又因附近的吉打河谷是世界上产锡最丰富的地区之一，故也被称为"锡都"。人口 657 892 人（2010 年），其中马来人占 37.9%，华人占 44.1%，印度人占 14.1%，其他民族则占 0.2%[19]。

怡保在 19 世纪开始因采锡业的发展而兴起，采锡业衰落以后，20 世纪

60 年代开始向郊区发展，并于 70 年代成为商业繁荣的花园城市。其工业以五金、塑料、橡胶、水泥等为主，农业以橡胶业种植和水果种植为主。

3.1.3.5　马六甲

马六甲市是马来西亚马六甲州的首府，位于马来半岛南部、马六甲海峡的中部。人口 503 127 人（2010 年），主要以马来人和华人为主。马六甲是著名的古都和重要的港口，扼守着马六甲海峡这一重要的海上交通线，在古代曾作为马六甲王国都城，郑和下西洋时曾六次在此停靠。丰富的人文和历史资源使马六甲被认为是马来西亚最具有旅游价值的城市之一，联合国教科文组织在 2008 年 7 月 7 日将其列入世界文化遗产名录，旅游业的蓬勃发展，为马六甲的经济注入了新的活力。

经济方面，制造业和旅游业为马六甲的两大支柱产业，在旅游业的带动下，州政府全面发展轻工业吸引各地的投资者，进而促进了交通运输和其他工业的发展。马六甲手工艺品比较著名，有手杖、藤器和牛角制品等，虾干、咸鱼等海产品为当地风味特色。

3.1.3.6　古晋

古晋位于马来西亚沙捞越州，是该州的首府城市，也是整个东马历史最为悠久的城市[20]。"古晋"是马来语中"猫"的意思，当地人民对猫具有特别的喜爱之情，城市的标志也是一只大白猫。人口约 658 549（2010年）。古晋的行政区包括三个地方自治府——北古晋市政府、巴丹望行政区和南古晋市政府。南北古晋以沙捞越河为界，南岸居民以华人占多数，北岸则由马来人和少数民族为主。

当地经济以农业和轻工业为主。城市东面有小型工业区及港口丹那普提，主要工业门类包括锯木、成衣、肥皂、制鞋等，城南的布索地区拥有世界最大的熔锡厂。沿河下游 4 公里处是丹那普提新港，水深 6 米，可停泊中型船只，北郊有面积为 2 590 公顷的原始热带雨林巴谷国家公园。

3.2　主要流域

3.2.1　概述

马来西亚无较大的跨国河流，多为流程较短的水系。东马降水充足，河流较多，水深量大，具有极大的通航价值，其中拉让江是马来西亚第一大河，支流众多，全长 592 千米，流域面积约 3.9 万平方千米（见表 3-5），下游有 4 个较大河口，海潮倒灌严重。其余重要河流，如基那巴塘河、卢帕河等，也具有河面较宽、通航能力较好的特点。西马的河流一般顺着地势向南或西南方向流，以中央山脉为分水岭，分为东西两侧水系。西侧水系称"马六甲海峡水系"，流程较短，大多注入马六甲海峡。东侧水系称为"南海水系"[7]，多流入南海，流程相对较长，水量也更大，通航条件相较马六甲海峡水系更好。图 3-3 为马来西亚水系简图。

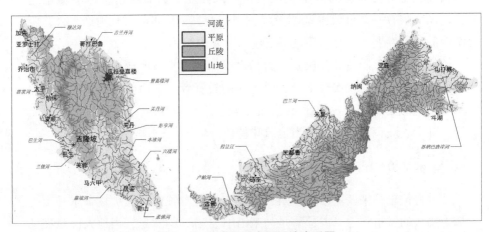

图 3-3　马来西亚主要河流水系图

表 3-5　马来西亚河流统计数据

河流名称	流经州（直辖市）	河长（千米）	流域面积（平方千米）
穆达河	吉打	203	4 302
霹雳河	霹雳	400	14 900
巴生河	雪兰莪、吉隆坡	120	1 288
兰俄河	雪兰莪、布城	149.3	1 700
麻坡河	森美兰、柔佛	—	—
吉兰丹河	吉兰丹	248	11 900
登嘉楼河	登嘉楼	190	2 300
关丹河	彭亨	—	—
彭亨河	彭亨	459	29 300
本珍河	柔佛	—	—

（续上表）

河流名称	流经州（直辖市）	河长（千米）	流域面积（平方千米）
兴楼河	柔佛、彭亨	—	—
柔佛河	柔佛	122.7	2 636
卢帕河	沙捞越	—	—
拉让江	沙捞越	592	39 000
巴兰河	沙捞越	400	22 100
基纳巴唐岸河	沙巴	560	10 000

3.2.2　马六甲海峡水系主要河流

3.2.2.1　霹雳河（Perak River）

霹雳河位于马来西亚霹雳州，发源于泰—马边境，由北向南穿过霹雳州，最终流入马六甲海峡。河长 400 千米，流域面积 14 900 平方千米。河流上游多峡谷和悬崖，水力资源丰富，建有珍罗德、巴登峇当、天孟莪、肯尼宁等几座水库与电站，水力资源开发居马来西亚全国之首。下游河道曲折，水浅河宽，雨季时常泛滥。沿岸有瓜拉江沙（Kuala Kangsar）、巴都牙也（Batu Gajah）、安顺（Teluk Intan）等重要市镇，种植园、矿场和农田密集，人口稠密。霹雳河流域是马来西亚重要的经济开发区，通航能力较好，河口巴眼拿督（Bagan Datoh）至安顺河段可通航沿海轮船，安顺以上 160 千米河段可通航驳船[21]。其主要支流有布拉斯河（Sungai Pelus）、吉打河（Kinta River）等。

3.2.2.2　巴生河（Klang River）

巴生河流经吉隆坡和雪兰莪州，其源头位于吉隆坡以北大约 25 千米、海拔 100 米的丘陵地带，自东向西流入马六甲海峡。河长 120 千米，流域面积约 1 288 平方千米，约有 36 千米的河段受到潮流上溯的影响（最远至达蒙沙拉河）。其主要支流刚巴克河（Gombak River）在吉隆坡汇入巴生河，而后向南流经莎阿南，最终在马来西亚最大海港——巴生港（Port Klang）附近入海。

巴生河流域面积不大，流域面积仅占马来西亚面积的 0.4%，但因其流经区内人口有四百多万，占马来西亚人口总数的16%。快速的发展引起严重污染，加上多处河道变窄，导致吉隆坡时常发生洪水灾害。

巴生河共有11条支流，主要支流包括刚巴克河、巴都河（Sungai Batu）、本查拉河（Sungai Penchala）、达蒙莎拉河（Sungai Damansara）等。

3.2.2.3　兰俄河（Langat River）

兰俄河是一条位于雪兰莪州的河流，发源于努恩山，向西流经布城，最终汇入马六甲海峡。其主要支流为色米伊河（Sungai Semenyih）和拉布河（Sungai Labu）。河长149.3千米，流域面积约1 700平方千米。

3.2.3　南海水系主要河流

3.2.3.1　吉兰丹河（Kelantan River）

吉兰丹河是马来西亚主要河流之一，位于马来半岛的东北部吉兰丹州境内。发源自蒂迪旺沙山脉上的乌鲁士拔山（海拔2 161米）。河长248千米，流域面积11 900平方千米，流向自西南向东北，流经瓜拉吉赖、丹那美拉、巴西马和首府哥打巴鲁后注入南海。

吉兰丹河主要分成四段，首段20英里为柏迪斯河（Sungai Betis），然后为能吉利河（Sungai Nenggiri），接着为加腊士河（Sungai Galas），最后与勒比河（Sungai Lebir）汇成吉兰丹河。

吉兰丹河支流众多，主要支流有：勒比河、加腊士河、杜里安河（Sungai Durian）、饶河（Sungai Nal）、索谷河（Sungai　Sokor）、古夏河（Sungai Kusial）等。

吉兰丹河流域在雨季常常受到洪水的影响，在1928年、1967年和2014年均发生过严重水灾，特别是位于吉兰丹河口三角洲附近的首府哥打巴鲁一带聚集了大量人口，每次洪水造成大量人口受灾。

3.2.3.2　登嘉楼河（Terengganu River）

登嘉楼河位于马来西亚的登嘉楼州，从肯逸湖（Lake Kenyir）流出后，流经登嘉楼州首府瓜拉登嘉楼后入海。河长约190千米，流域面积约2 300平方千米。主要支流包括腾仁干河（Sungai Terengan）、蔡斯河（Sungai Cacing）和伯朗河（Sungai Merang）。

3.2.3.3 彭亨河（Pahang River）

彭亨河是马来半岛最长的河流。发源于金马仑高原，先向南而后向东，期间汇集中央山脉以东的各条支流，最终注入南海。长 459 千米，流域面积为 29 300 平方千米。上游区域位于大汉山国家公园，地势陡峻，多瀑布和险滩，中游河水含沙量大，下游两岸是全国重点垦殖区，沼泽较多。东北季风期间，易发生突发性山洪灾害。彭亨河岸的城市有而连突、淡马鲁、马朗和北根。大木船可通航至淡马鲁，小船最远可通航至瓜拉立卑。

3.2.3.4 柔佛河（Johor River）

柔佛河是马来西亚柔佛州的主要河流，发源自柔佛北面的碧玉山（Mount Gemuruh），自北向南流入柔佛海峡。河长 122.7 千米，流域面积 2 636 平方千米。主要支流包括萨永河（Sayong）、林桂河（Linggui）、勒板河（Lembam）。柔佛河流域占柔佛州面积的 14%，是周围城市和新加坡的重要水源，每天向新加坡提供约 25 万立方米的水量。河上的柔佛河大桥于 2011 年 6 月建成通车，是目前马来西亚最长的桥。

3.2.4 东马主要河流

3.2.4.1 拉让江（Rejang River）

拉让江又名鹅江，是马来西亚的第一长河，位于婆罗洲的西北部，发源自婆罗洲中部的伊朗山脉（Iran Mountains），自东向西在诗巫附近流入南海。河长 592 千米，流域面积约 39 000 平方千米。其支流多而长，特别是下游，河网密布，有 4 个较大的河口。部分重要支流包括巴厘河（Balui River），卡蒂巴斯河（Katibas River），恩贾马河（Ngemah River），伊朗河（Iran River），比拉河（Pila River），巴列河（Balleh River），邦吉河（Bangkit River）以及卡诺维特河（Kanowit River）。沿江的市镇包括诗巫、加帛、加拿逸、民丹莪、泗里街等。诗巫以上 80 千米的河段可供通航，沙捞越内部的某些河段仅可使用独木舟进行运输。

2010 年 10 月 6 日，上游普泰（Putai）和恩贡（Nungun）附近发生暴雨，导致大规模的山体滑坡，将大量原木和杂物冲入拉让江上游河段，据估计原木碎屑的体积超过 300 000 立方米。10 月 8 日，长达 50 千米的木材碎屑到达河流下游的诗巫，给当地的交通造成一定影响。

3.2.4.2　基纳巴唐岸河（Kinabatangan River）

基纳巴唐岸河位于马来西亚的沙巴，发源于沙巴西南部的山区，自西向东流入山打根以东的苏禄海（Sulu Sea）。全长约 560 千米，流域面积约 10 000 平方千米，河口宽 60 米，水深 6～10 米，可通航水域约 320 千米。4—10 月气候相对干燥，11 月至次年 3 月，特别是 12 月至次年 1 月期间，常有暴雨，易造成洪涝灾害。目前基纳巴唐岸河上的桥梁仅有距离山打根约 108 公里处的马来西亚联邦路桥 13 号线（Malaysia Federal Route 13）。

基纳巴唐岸河流域具有丰富多样的生态系统，以其多种多样的野生生物和生物栖息地闻名，流域内生存着许多婆罗洲本地的珍稀动物如长鼻猴和 Bornean 猩猩等。1997 年，基纳巴唐岸河下游 270 平方千米被宣布为保护区。

3.2.4.3　巴兰河（Baram River）

巴兰河位于沙捞越境内，发源于东部的凯利特高地（East Kalimantan），该地区地势较高、雨量丰富。巴兰河流经大片的热带雨林，最终注入南海。全长约 400 千米，流域面积 22 100 平方千米。主要支流包括锡贾尔河（Tinjar River）、朱兰河（Julan River）、锡拉特河（Silat River）和吐托河（Tutoh River）。

3.3　洪涝灾害

3.3.1　洪涝灾害及损失情况

马来西亚是一个洪涝灾害多发的国家，马来西亚全国易涝区面积为 29 800 平方千米，占全国总面积的 9.0%，易涝区人口约 482 万，占全国总人口的 22%[22]。其中，马来半岛易涝地区的面积为 15 620 平方千米，占马来半岛总面积的 11.9%，易涝区内人口约 368 万，约占马来半岛总人口的 21%；沙巴和沙捞越省易涝地区的面积共 14 180 平方千米，约占两省总面积的 7.2%，易涝区内人口约 113 万，占两省总人口的 24.9%。

据马来西亚灌溉排水局不完全统计，1990—2010 年间马来西亚发生洪涝灾害 27 次，死亡人数 136 人，受灾人口 42.91 万人，经济损失 99.36 千万美元。由于社会的发展，洪涝灾害的损失也在不断增加。表 3-6 和表 3-7 统计了马来西亚各州近年来的洪涝灾害发生次数及损失情况。

表 3-6　马来西亚各州年平均洪水损失

地区	财产损失（百万林吉特）	财产损失（百万美元）
玻璃市	48.34	10.91
吉打	126.80	28.60
槟城	34.23	7.72
霹雳	58.93	13.29
雪兰莪	55.87	12.60
联邦直辖区	33.36	7.53
森美兰	14.24	3.21
马六甲	15.10	3.41
柔佛	333.54	75.25
彭亨	37.32	8.42
登嘉楼	83.28	18.79
吉兰丹	146.73	33.10
沙巴	82.92	18.71
沙捞越	80.50	18.16
马来半岛	987.74	222.83
沙巴和沙捞越	163.42	36.87
合计	1 151.16	259.70

（资料来源：DID[22]）

表 3-7　马来西亚部分州（直辖市）洪水发生次数（2012—2013 年）

州（直辖市）	洪水类型		洪水灾害次数
	季风洪水	山洪	
柔佛	—	7	7
吉打	—	17	17
吉兰丹	16	—	16
马六甲	—	12	12
森美兰	—	14	14
彭亨	—	12	12
霹雳	—	47	47
槟城	—	14	14
沙巴	—	2	2

（续上表）

州（直辖市）	洪水类型		洪水灾害次数
	季风洪水	山洪	
沙捞越	—	9	9
雪兰莪	—	122	122
登嘉楼	45	—	45
吉隆坡	—	6	6
合计	61	262	323

（资料来源：DID[22]）

3.3.2 典型洪涝灾害

表3-8列出了2006—2017年马来西亚发生的一些较为严重的洪涝灾害。这些洪水的成因、影响范围和造成的损失各不相同，基本上反映了马来西亚的洪涝灾害特点。

表3-8 2006—2017年马来西亚主要洪涝灾害简况表

时间	主要情况
2017.01.27	马来西亚半岛和沙巴遭受大洪水袭击，至1月27日，约15 000人撤离，其中沙巴境内6 541人，霹雳州7 129人，吉兰丹、柔佛、雪兰莪等州也有部分人员撤离，马来西亚无人员伤亡
2017.01.01	马来西亚半岛北部发生洪水，5条河流处于警戒水位以上。连续5天的暴雨使登嘉楼州超过14个地点的降水量超过500毫米，吉兰丹州也有5个地点的降水量超过500毫米。约25 000人撤离，至2017年1月1日，暂无人员伤亡的报道
2016.11.30	大暴雨导致登嘉楼省发生洪水，省内有18个地点24小时降水量超过100毫米，5个地点超过200毫米。受灾最严重的地区是首府瓜拉登嘉楼，约330人撤离
2016.07.19	吉打州和槟城州的部分地区遭到洪水侵袭，包括北部的特鲁克巴淡小镇以及槟城国际机场南部的槟城岛南部地区。造成471人无家可归，其中吉打441人，槟城30人

（续上表）

时间	主要情况
2016.03.08	因极端降水，沙捞越州发生内陆洪水，诗巫的 24 小时降水量达到 93.2 毫米。洪水造成 34 人撤离
2015.01.12	自 2014 年底以来，持续、大范围的降雨，使马来西亚遭遇 45 年以来最大的洪水。13 个州有 8 个州受灾严重。灾民突破 16 万人，8 人死亡
2014.02.14	遭到洪水袭击的马来西亚沙巴州内陆地区保佛镇成为一片汪洋，保佛镇在 13 日的大雨侵袭后发生洪灾，一名 2 岁孩童死亡，两千多人被疏散
2013.12.05	马来西亚东海岸连日豪雨引发多州水灾，国家电能总公司也未能幸免，约 1 072 座电房因积水而被关闭，受影响的居民达 62 907 人；同样成为水患重灾区的是吉兰丹州，为了安全起见，甘马挽的变电站被关闭。而柔佛州共有 6 个县约 75 个村受灾
2010.11.03	因多日暴雨的影响，西马北部吉兰丹、吉打和玻璃市三个州发生水患，多条河流水位上升，约 5 000 人被紧急疏散，当地数万名学生停课，低洼地区的受灾情况尤为严重
2009.01.05	马来西亚中部和北部暴发的洪水已使 5 000 人撤离家园，数万名学生推迟入学。在马来西亚受灾最严重的中部地区，有 3 776 名群众撤离家园。北部地区几条主要干道也都被洪水淹没而造成交通中断
2006.12.20	马来西亚中部和南部地区连日暴雨使柔佛、森美兰、彭亨和马六甲 4 个州发生洪水，灾情最为严重的柔佛州全境受到洪水影响，多条河流水位超过警戒线，伴随有山体滑坡，部分交通干线被迫中断。整个洪水灾害造成约 2.6 万人被紧急疏散

3.3.2.1　关丹"13·12"洪水（2013 年 12 月 3—5 日）

因强降水的影响，整个马来西亚东海岸地区受到严重洪水侵袭，其中有四个州受灾较为严重，分别为彭亨、吉兰丹、登嘉楼和柔佛。彭亨州灾情最为严重，12 月 3 日，彭亨州首府关丹市监测到的 24 小时最大降水量为 243.6 毫米，洪水造成 1 人死亡，2 人失踪，38 323 人撤离家园。登嘉楼州 1 人死亡，7 780 人撤离家园。吉兰丹州共有 3 条河流水位超过警戒水位，646 人撤离。柔佛州共有 8 250 人撤离。

3.3.2.2　吉隆坡"13·04"洪水（2013 年 4 月 10 日）

一场突发性的强降水于 2013 年 4 月 10 日下午 5：30 袭击吉隆坡市，降水仅仅持续了约 2 小时，但市内部分雨量站监测到的降水量超过 120 毫米，吉隆坡市内发生了严重的内涝灾害。部分街道和公共设施在短时间内被洪水淹没，引起了严重的交通堵塞（见图3-4）。本次内涝未造成人员伤亡。

图3-4　被洪水淹没的吉隆坡街道

（图片来源：DID）

3.3.2.3　彭亨河流域卡梅隆高地"13·10"洪水（2013年10月23日）

从2013年10月20日开始，彭亨河流域发生强降水，部分地区的累计降雨量超过100毫米，水位暴涨迫使当地政府对水库开闸泄洪，因卡梅隆高地附近为山区，泄洪导致流域内的伯塔姆河（Bertam River）水位迅速上涨，冲毁了80栋房屋，造成2人死亡（见图3-5）。

图3-5　洪水状况

（图片来源：DID）

3.3.2.4　达玛沙拉河流域"06·02"洪水（2006 年 2 月 26 日）

2006 年 2 月 26 日，从凌晨 3 点开始，流域内发生持续时间约 2 小时的强降水，时段降水量达到 118 毫米。强降水导致达玛沙拉河水位上涨，洪水漫过河堤，淹没了约 3 000 栋房屋，11 000 人紧急撤离。流域内 TTDI Jaya 水文站的数据显示，最高水位达到 8.35 米，超过危险水位 1.05 米。流域内 5 个村庄受到严重影响，许多地方的水深为 1 米以上，最深达到 2.3 米（见图 3－6）。

图 3－6　莎阿南市街头的洪水状况

（图片来源：DID）

3.3.2.5　马来半岛东岸"14·12"洪水（2014 年 12 月 24 日—2015 年 1 月 10 日）

2014 年 12 月下旬开始，马来半岛东部地区连续 10 天发生强降水，总降水量超过 900 毫米（多年平均降水量为 3 000 毫米），加上涨潮的影响，河道水位急速上涨，漫过堤坝，造成严重的洪水灾害。本次洪水持续时间超过 15 天，共有 6 个州受到洪水的严重影响，包括吉兰丹、登嘉楼、彭亨、霹雳、玻璃市和柔佛州。洪水淹没面积达到 11 500 平方千米，水深 1～12 米，造成 25 人死亡，超过 50 万人紧急撤离，经济损失达 28.5 亿林吉特。

本次洪水是马来西亚历史上受灾第二严重的洪水事件，仅次于 1971 年的大洪水，究其原因，主要是长时间、大范围的强降水使河流泛滥成灾。以受灾最为严重的吉兰丹、登嘉楼和彭亨三个州为例，多处水文站监测到超过历史纪录的降水量，详细情况如表 3－9 所示。

表 3-9　吉兰丹、登嘉楼及彭亨 10 日降水量

吉兰丹			登嘉楼			彭亨		
地区	10 日降水量（mm）	重现期（年）	地区	10 日降水量（mm）	重现期（年）	地区	10 日降水量（mm）	重现期（年）
BESUT	1 015	>200	BESUT	1 546	100	KUANTAN	1 165	80
SETIU	830	20	SETIU	1 173	80	LIPIS	713	50
DUNGUN	1 161	>300	DUNGUN	1 525	100	JERANTUT	846	>100
KEMAMAN	1 121	>200	KEMAMAN	1 524	100	TEMERLOH	111	正常
HULU TERENG-GANU	757	13	HULU TERENG-GANU	1 677	>100	MARAN	326	正常
						PEKAN	938	55

（资料来源：DID）

3.3.3　洪涝灾害成因

马来西亚洪水主要由季风降雨和骤雨引起，分别称为季风洪水和突发性洪水。马来西亚的季风主要有西南季风和东北季风。西南季风一般从 5 月持续到 9 月，东北季风则一般从 11 月持续到次年 3 月。季风带来的降雨不仅降水量大，而且分布面广、持续时间长，往往引起长时间的流域性洪水，洪水灾害损失大。突发性洪水一般发生在季风转向时期（4—5 月和 9—10 月），此期间常发生短时强暴雨，给局部地区带来突发性洪水，此类洪水一般持续时间仅为几小时，在沿海地区的吉打和玻璃市州较多。

3.4　洪涝灾害防治

3.4.1　洪涝灾害防治管理机构

马来西亚的洪水管理主要由排水与灌溉局（Department of Irrigation and Drainage，DID）负责。马来西亚排水与灌溉局建立于 1932 年，当时工作

的重点主要在保障农业灌溉用水方面。1971 年 1 月 5 日，西马全境发生了一场大洪水，为马来西亚有记录以来损失最为严重的洪水灾害，造成 61 人死亡，约 2 亿林吉特的损失。洪水过后，政府开始将水文与防洪减灾纳入排水与灌溉局的工作范围。1995 年，排水与灌溉局正式建立水文处。

目前，排水与灌溉局下属 15 个处，主要业务范围包括流域与海岸管理、工程管理、城市内涝管理、水资源和水文管理及洪水管理等方面。其属下的水资源管理与水文处（Water Resources Management & Hydrology Division）主要负责数据采集、洪水预报和水资源管理工作，具体职责包括：

（1）为当前和将来的水资源管理工作收集、处理水文数据。

（2）评估收集的数据，确保其准确性能用于发展规划。

（3）为马来西亚的主要流域提供水文信息服务（包括洪水和旱情信息）。

（4）在洪水来临前，为政府提供预见期足够长的洪水预报。

（5）向公众发布及时可信的洪水信息，以便人们提前采取措施。

3.4.2　洪水监测预警

3.4.2.1　水文监测站

目前马来西亚全国共有水文监测站点约 1 500 个，其中包括雨量站 1 090 个，蒸发站 31 个，流量站 172 个，水质监测站 61 个，测沙站 109 个，具体情况如表 3 - 10 所示。在 1 090 个雨量站中，约有 500 个雨量站为自动遥测站，马来半岛雨量站的空间分布情况如图 3 - 7 所示。

表 3 - 10　马来西亚水文监测站统计

	雨量站	蒸发站	流量站	水质监测站	测沙站
马来半岛	710	23	101	61	78
纳闽	6	0	0	0	0
沙巴	77	8	30	0	31
沙捞越	297	0	41	0	0
合计	1 090	31	172	61	109

（资料来源：DID）

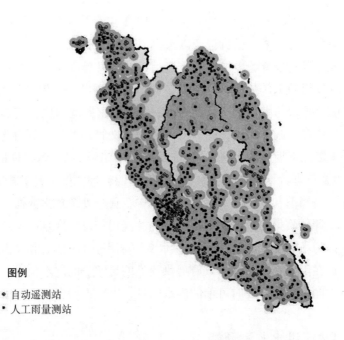

图例

- 自动遥测站
- 人工雨量测站

图 3 - 7 马来半岛雨量站空间分布

（资料来源：DID）

3.4.2.2 预警系统

马来西亚的洪水预警由排水与灌溉局发布，视洪水情况由各级排水与灌溉局发布不同等级的洪水预警。一般而言，当发生影响数州的大洪水时，由联邦排水与灌溉局发布国家级洪水预警；当发生影响一州的洪水时，由州排水与灌溉局发布州洪水预警；当州内发生影响数个地区的洪水时，由各地区排水与灌溉局发布地区洪水预警。

洪水预警的发布有多种形式，一般以预警站发布预警信号为主。马来西亚全国共有 436 个预警站，其中北部地区 93 个，西部地区 110 个，东部海岸地区 112 个，沙巴和沙捞越地区 121 个。预警方式如下：当监测河流的水位上升至警戒水位（warning level）时，发布警戒水位预警，警笛将会鸣响一到两次；当水位超过危险水位（danger level）时，发布危险水位预警，此时警笛将会一直鸣响，直至水位消退至危险水位以下。

除了预警站以外，洪水预警方式还包括短信、洪水监测网站和社交媒体发布预警等。

3.4.2.3　洪水风险图

洪水风险图对可能发生的洪水的汇流路线、到达时间、淹没水深、流速大小和淹没范围等过程特征进行预测，并标示洪泛区内各处可能受到洪水威胁的程度。目前马来西亚已对 30 个流域编制洪水风险图，详细情况如表 3－11 所示。

洪水风险图能够用于流域洪水预警及评估防洪工程的建设效果。以克里安河流域（Kerian River Basin）为例，在防洪工程修建以前，洪水风险地区面积为 164.2 平方千米；当修建了 253.3 千米的防洪堤及配套泵站后，洪水风险面积减小至 79.3 平方千米。

表 3－11　马来西亚已完成洪水风险图的流域

所属州	流域	所属州	流域
柔佛州	居銮	槟城州	槟城河
	新邦令金	彭亨州	彭亨河
	巴株巴辖	马六甲州	马六甲河
	柔佛河		克桑河
	麻坡	吉兰丹州	巴西马士
	士姑来		丹那美拉
	避兰东河	沙巴州	保佛
	末罗瑜河		丹南
	邻宜河		苏柯
森美兰州	武洛河	登嘉楼州	士兆河
雪兰莪州	白沙罗河	吉打州	穆达河
	雪兰莪河		吉打河
	库育河		本同河
霹雳州	吉辇河	玻璃市州	阿罗丹河
	近打河		玻璃市河

（资料来源：DID）

3.4.3　**洪水预报**

马来西亚的洪水预报工作经历了从简单到复杂、从单一方法到多种预报手段的发展过程。2000年以前，洪水预报多使用简单的数学和统计方法如线性回归法等。2000年以后，流域水文模型逐步应用到流域洪水预报工作中。马来西亚常用的水文模型包括PDM模型、WEHY模型、NAM模型、TANK模型、GETFLOW模型和新安江模型等，水力学模型包括Info-Works、MIKE 11、HEC - GeoRAS等。目前，马来西亚流域洪水预报模型的应用逐渐从集总式模型向半分布式模型和分布式模型转变。

目前，马来西亚在几条河流上编制了流域洪水预报模型，详细情况如表3-12所示。其中，比较有代表性的水文模型包括英国的PDM模型、日本的TANK模型和美国的WEHY模型。PDM模型主要在格洛克河流域（Sg Golok）应用，具有模型简单、易于使用的优点，然而在精度上不能时时满足预报的需求。TANK模型也具有模型简单的优点，但模拟效果受具体流域情况的影响较大，例如在吉兰丹河流域的应用效果较好，在彭亨河流域则较差。WEHY模型主要应用于AMRFF项目中，是分布式水文模型，优点是具有明确的物理意义，缺点是模型较为复杂，获得及时的技术支持较为困难。

表3-12　马来西亚流域洪水预报模型应用情况

流域	水文模型	使用时间	流域	水文模型	使用时间
彭亨河	水位—流量关系曲线	1986年以前	霹雳河	水位—流量关系曲线	1980年
	LTF方法	1986年		水位线性回归	2001年
	水位线性回归	2001年	麻坡河	LTF方法	1986年
	AMRFF系统	2012年	柔佛河	水箱模型	2011年
果洛河	水位线性回归	2001年		AMRFF系统	2012年
	PDM模型	2013年	萨东河	LTF方法	1986年
吉兰丹河	萨拉门托模型	1973—1981	基那巴唐河	LTF方法	1986年
	水箱模型	1981年	巴生河	Floodwatch系统	2006年
	改进水箱模型	2000年		Floodwatch系统	2012年
	水位线性回归	2001年	安邦—巴生河	AWBM系统	2007年
	AMRFF系统	2012年	沙捞越河	Floodwatch系统	2012年

（续上表）

流域	水文模型	使用时间	流域	水文模型	使用时间
穆达河	水位—流量关系曲线	1974—1986 年	龙运河	水箱模型	2011 年
	水位线性回归	2001 年		IFAS 系统	2012 年
	Floodwatch 系统	2010 年	甘马挽河	水箱模型	2011 年
	Floodwatch 系统	2012 年	昔加末河	水箱模型	2011 年
巴达斯河	2012 年		水箱模型	2011 年	

（资料来源：DID）

3.4.3.1 河流监测和洪水预报一体化系统

河流监测和洪水预报一体化系统（Integrated Flood Forecasting and River Monitoring，IFFRM，见图 3–8）是一项水情监测和洪水预报相结合的工程。它将水情监测和洪水预报集成到一个统一的系统。工程选择巴生河流域作为第一个试点流域，在流域内设置了 88 个水文站，用于监测并记录降雨量、水位、土壤含水量、水质、流量和天气状况数据。采集的数据被传输到相关部门，用于洪水调度、大坝运行管理和预警信息发布。

IFFRM 工程使用 FloodWorks 软件和 InfoWork 模型进行洪水预报。预见期为 6 小时，每 15 分钟更新一次预测结果，能够自动预报 6 小时内发生的洪水事件。

图 3–8 位于吉隆坡的 IFFRM 工程控制中心（陈洋波摄）

3.4.3.2　基于气象预报降水的洪水预报系统

基于气象预报降水的洪水预报系统（Atmospheric Model-based Rainfall and Flood Forecasting, AMRFF）是马来西亚排水与灌溉局（DID）与美国加州大学戴维斯分校共同开发的一套实时洪水预报及预警系统[20]。该系统包括一个区域尺度的气象预报模型、一套自动遥测的雨量站和水文站系统以及一套分布式流域水文模型。其中，气象模型为 WRF 模型，流域水文模型为 WEHY 模型。通过应用气象预报降水数据，洪水预报的预见期可以提高至 3 天。该系统主要在马来西亚的彭亨、吉兰丹和柔佛州进行了探索性使用。

3.4.3.3　统一洪水分析系统工程

统一洪水分析系统（IFAS）是由日本的国际水灾害与风险管理中心（International Centre for Water Hazard and Risk Management, ICHARM）开发的一套小型径流分析系统[21]。其主要特点是可以使用卫星降水数据及站点数据作为降雨输入，通过调整流域参数（包括地表参数、地下水参数和河道参数），得到洪水模拟结果，并将结果进行可视化输出。

该工程在马来西亚的龙运河流域（Dungun River Basin）进行了试用，该河河长 110 千米，流域面积 1 858 平方千米。

3.4.3.4　国家洪水预报预警系统

马来西亚国家洪水预报预警系统（National Flood Forecasting and Warning System, NaFFWS）从 2015 年开始建设，计划到 2022 年全部完成。主要目的如下：

（1）使用马来西亚气象局提供的天气预报数据，使季风洪水的预见期提前至 7 天。

（2）将现存季风洪水预警系统的预警期由 6 个小时延长至 2 天。

（3）把观测和预报水位的误差由 1 米减少至 0.5 米，进一步提高洪水预报的精度。

工程的主要部分包括监测系统、预报系统和预警系统。监测系统使用卫星降水预报数据、雨量站获得的气象数据、水文站获得的水文数据。预报系统综合考虑潮汐情况、河流情况和地表下垫面状况，对水情作出一定预测。预警系统则采用多种通信方式，如短信、网站、警笛等，向政府和公众发布洪水预警信息。

3.4.4　应急管理

马来西亚的洪水灾害应急管理主要由国家灾害和救助委员会（National Disaster and Relief Committee）负责，其主要职责为制定应急措施和组织灾害救助工作。在等级上分为三个层面，具体如下：

（1）国家层面：委员会主席由政府副总理担任，秘书处工作由总理署负责。委员会成员包括政府秘书长、军队、财政部、社会福利保障部以及相关专业部门如排水与灌溉局、气象局等。

（2）州层面：州灾害委员会主席由州长担任，委员会秘书由州安全局长担任，委员会成员包括警察、军队、城市保卫部，相关专门部门如州气象局等。

（3）区层面：区灾害委员会主席由地区官员担任，委员会秘书由州安全局副局长担任，委员会成员包括警察、军队、地区公共事务部门和相关地区级专业部门。

3.5　吉隆坡洪水防治工程体系

3.5.1　工程组成

为了防治吉隆坡洪水，马来西亚修建了吉隆坡洪水防治工程体系，由一系列的防洪工程组成，其中水库包括巴都水库（Bature reservoir）和巴生水库（Klang Gates Reservoir），较大的蓄洪池有金江水池（Jinjiang Pond）和巴都水池（Batu Pond），主要分洪道包括智慧隧道（SMART Tunnel）、刚巴克河分水道（Gombak River Diversion）和克罗分水道（Keroh River Diversion），工程于 2003 年开始修建，2010 年建成，体系结构如图 3-9 所示。

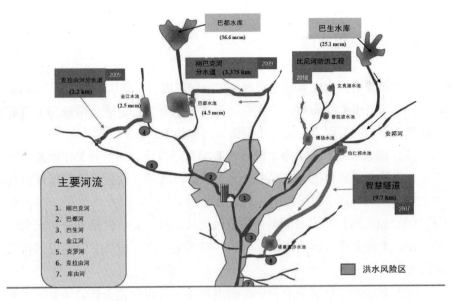

图 3-9 吉隆坡防洪体系组成示意图（根据 DID 提供的材料绘制）

吉隆坡所在的巴生河流域，其流域管理机构共有三个，即吉隆坡市流域管理处、智慧隧道管理处和克罗河流域管理处。其中，吉隆坡市流域管理处负责整个吉隆坡直辖区内的流域管理工作；智慧隧道管理处负责巴生河上游河段、安邦河的流域管理，以及智慧隧道的运行调度；克罗河流域管理处负责克罗河及刚巴克河的流域管理工作。

3.5.2 智慧隧道

3.5.2.1 概述

马来西亚智慧隧道，即 SMART 工程，是雨水管理和交通隧道（Stormwater Management and Road Tunnel）的缩写词，主要用于解决巴生河在吉隆坡市中心、嘉美克清真寺（Masjid Jamek）、顿霹雳路（Jalan Tun Perak）附近的洪水泛滥问题。同时，该工程也能够缓解吉隆坡市中心到贝西河（Sungai Besi）南部水闸之间的交通拥挤问题。智慧隧道总长 9.7 千米，起于市中心的甘榜班登（Kampung Pandan），止于靠近皇家空军机场（TUDM Airfield）的吉隆坡—芙蓉市高速公路，其独特之处在于隧道中间一段长约 3 千米的双层高速通道。

工程于 2003 年 1 月开始修建，2007 年 6 月正式完工，总投资 19.5 亿林吉特，每年维护费用约 400 万林吉特。

3.5.2.2　工程组成

工程包括一条长 9.7 千米的泄洪通道，其中 3 千米段能够用于车辆通行。通道的入口和出口处有两个蓄水池。还设置了相关配套设施，包括 26 座闸门、5 台水泵和 2 段引水渠。同时，河段也安装了相关监测设备，包括 22 个雨量站、16 个流量测量仪、16 个水位测量仪和 20 个监控点。

隧道长 0.7 千米，内径 11.8 米，外径 12.8 米，蓄水容量为 100 万立方米。上游蓄水池面积 10 公顷，蓄水容量为 60 万立方米。下游蓄水池面积 22 公顷，蓄水容量 140 万立方米。上游蓄水池相较周围地势较低，水流可以从安邦河自然流入。下游蓄水池地势较高，需要使用水泵抽水才能将水排入克拉由河。

为了保证隧道的安全和有效的管理，河道设有专门管理处，向社会提供实时洪水预报信息。同时，为了保证通行安全，隧道被设计为单向行驶，其中通风通道、联络通道、测速系统、防火通道均符合相关国际标准。

3.5.2.3　运行方式

智慧隧道控制中心对流域的洪水状况进行 24 小时监测，当巴生河的水位上涨时，会提前对隧道内的车辆进行疏散，使隧道成为泄洪通道。等洪水结束时，隧道将会在清理后重新开放为行车通道[23]。

视洪水量级的大小，智慧隧道的运行主要有四种模式（见图 3 - 10）：

（1）模式一：当没有洪水时，双层通道正常通车。

（2）模式二：当隧道上游有较小降水时，即通常上游的巴生—安邦河流量在 70～150 立方米/秒时启用，此时上游的部分洪水会被引入智慧隧道下层，双层隧道仍正常使用。

（3）模式三：当上游发生大暴雨时，即上游的巴生—安邦河流量在 150 立方米/秒以上时启用，此时双层通道禁止通车，所有车辆撤出，但双层通道不用于分洪。

（4）模式四：在模式三的情况下，发生持续时间长的强降水时启用。此时车辆全部撤出，双层通道也用于洪水分流。通道会在洪水结束四天后重新开放。

智慧隧道自建成以来，对吉隆坡地区产生了相当可观的防洪效益。据估计，每启用一次模式二、模式三和模式四的次数将分别产生约 147 万、

781.7 万、1 560 万林吉特的防洪效益。自 2007 年以来，智慧隧道启用模式二、模式三和模式四分别为 211 次、82 次和 5 次，预计共产生防洪效益约 10.82 亿林吉特。

图 3 - 10　智慧隧道双层通车通道内景

（图片来源：DID）

3.5.3　巴都河—金度蓄洪工程

3.5.3.1　背景

　　巴生河流域，特别是吉隆坡一带，是马来西亚最发达的地区。随着城市的快速发展，吉隆坡洪水发生的频率和强度变得更高。2001 年 4 月 26 日和 2001 年 10 月 29 日，因洪水流量远超河道承载力，顿霹雳桥（Tun Perak Bridge）和金马大桥（Dang Wangi Bridge）之间的巴生河段发生大洪水。除了该河段外，其他河段的河道承载力也不足以应对洪水的袭击，从 2001 年 4 月 26 日到 2001 年 10 月 29 日，两场暴雨发生在巴生河流域东北部（主要是安邦河和巴生河上游一带），除了上文提到的河段外，其他流经吉隆坡市中心的支流情况也不容乐观，因此修建新的防洪措施变得有必要。更为重要的支流包括刚巴克河和巴都河，这两条河流位于巴生河流域的西北部，其中刚巴克河与巴生河在嘉美克清真寺附近汇合。刚巴克河流域面积更大，因此当降雨量相同时，刚巴克河流入巴生河的洪水总量比巴生河上游更多。在城市化程度方面，刚巴克河和巴生河上游的城市化程度相仿，如果再次发生类似 2001 年 4 月 26 日和 10 月 29 日的大暴雨，在这些河道附近的城区将会遭受同样的洪涝灾害。

3.5.3.2　工程构造

工程包括巴都—金江滞洪池、分洪工程和相关配套设施，详细情况如下：

（1）刚巴克分洪计划（Gombak Diversion Scheme）。

①在刚巴克河修建拦河坝。

②升级扩建现存的刚巴克河分洪道，使其泄洪能力从 60 立方米/秒提升到 275 立方米/秒。

③扩建巴都河滞洪池，使其蓄水量提升至 450 万立方米。

④修建如拦污栅、河道闸门、弯型堰、桥梁、防洪堤、排水工程、控制室、水沟、护坡，检测间等相关配套设施。

（2）克罗分洪计划（Keroh Diversion Scheme）。

①修建克罗河拦河坝。

②修建斯里森格伯蓄洪池（Sri Segambut Pond）作为入流缓冲池。

③修建分洪能力为 100 立方米/秒的分洪水道。

④扩建金江滞洪池，使其蓄洪量提升至 250 万立方米。

⑤修建如拦污栅、河道闸门、弯型堰、桥梁、防洪堤、排水工程、控制室、水沟、护坡、检测间等相关配套设施。

3.5.3.3　系统工作原理

当刚巴克分洪工程预报有洪水时，通过一系列闸门的操作将洪水引入巴都水池（Batu Pond），从而避免了过量洪水流入吉隆坡市区。刚巴克分洪水道长 3.5 千米，宽 26 米，深 4 米，水道包括全封闭式河段、半封闭式河段和露天河段。刚巴克分洪水道最大分洪能力为 275 立方米/秒，扩建后巴都滞洪池的库容达到 450 万立方米。

克罗分洪工程的情况与刚巴克分洪工程类似，洪水被引入新修建的金江水池以确保吉隆坡市区的防洪安全。克罗分洪工程长 2.2 千米，最大分洪能力为 100 立方米/秒，标准河道尺寸为 12 米宽，5 米深。与刚巴克分洪水道类似，克罗分洪水道也包括封闭和露天河段，封闭水道主要是沿着克鹏路（Jalan Kepong）的一段。从克罗河引入克罗分洪水道的洪水会被存储在金江水池（包括南阳、瓦与和德利美三个分池），其总蓄水量为 250 万立方米。

当降雨停止，洪水开始消退的时候，系统下一阶段的工作是水量释放，当下游水位达到安全线时，蓄洪池中的水量会分别被引入巴都河和金江河，该过程通常在洪水消退后 48 小时内，通过专门的水渠完成。

3.6 达玛沙拉河流域洪水情况

3.6.1 流域简介

达玛沙拉河（Damansara River）是巴生河下游的一条支流，位于吉隆坡市中心西南，河长 18 千米，流域面积 148 平方千米，包括 6 条主要支流（见图 3 – 11、表 3 – 13）。流域内共有 3 个雨量站，人口约 30 万，是重要的地区经济和商业中心。自 2006 年以来，城市快速的发展使洪水问题变得越来越突出，目前流域内主要的防洪工程为三个蓄洪池，分别为 RRI 池、SAE 池和 SAS 池。

图 3 – 11　达玛沙拉河流域简图

表 3 - 13　达玛沙拉河各支流统计

河流名称	河长（千米）	流域面积（平方千米）
达玛沙拉河	16.2	35.92
卡尤阿拉河	13	32.45
库宁河	9.2	19.69
让普特河	88.5	10.73
佩朗帕斯河	9	21.17
帕由河	4.5	4.28
佩卢穆特河	5.5	7.99
巴都提格河	3.4	6.07
坦布河	4.5	6.95
帕库河	3.1	2.75
合计	156.9	148

（资料来源：DID）

3.6.2　历史洪水

1999—2006 年达玛沙拉河相关洪水信息如表 3 - 14 所示：

表 3 - 14　1999—2006 年达玛沙拉河相关洪水信息

发生日期	洪水特征
1999.12.06	洪水原因主要是一场从 1999 年 12 月 6 日早晨开始的暴雨，降水持续时间为 11 小时
2000.02.09	洪水发生的原因是位于摩托罗拉（Motorola）的排水涵洞发生淤积，巴生河的整体水位不高，但达玛沙拉河流域局部发生洪水
2000.08.01	洪水由一场从凌晨 3 点至 10 点的突发暴雨引起
2000.11.16	洪水主要发生在支流巴都提格河，引起洪水的原因是巴生河下游发生海潮顶托，使上游发生持续时间 2 小时至 6 小时的洪水，部分交通干线受到影响
2001.01.25	洪水由一场持续时间 1 小时的大暴雨引起，部分联邦高速公路干线受到影响

（续上表）

发生日期	洪水特征
2001.04.09— 2001.04.13	达玛沙拉河流域全境发生强降水，加上适逢巴生河高水位时期，排水受到一定影响，使流域内发生洪水，几条主要公路干线，如巴生河流域大道，发生水淹。部分铁路受影响也暂时中断
2003.10.31	受暴雨和巴生河海潮顶托共同影响，塔曼默拉（Taman Mesra）、巴莱波利斯（Balai Polis）地区和部分联邦道路发生水淹
2004.05.28	珍巴卡河发生洪水
2005.10.26	发生洪水的区域包括塔曼地区（Taman）、库布河及梳邦河流域
2006.02.26	洪水由一场从凌晨3点至6点的突发暴雨引发，流域内几乎一半地区发生洪水。受影响严重的区域包括梳邦河流域、塔曼地区、巴都提格河流域、库布河流域、莎阿南体育馆附近及部分联邦公路和铁路干线
2006.09.09	受一场持续1小时的突发暴雨影响，库布河流域、市区、珍巴卡河流域和巴生河流域大道发生洪水
2006.11.11	市区和巴都提格河流域发生洪水

3.7　主要水利工程

3.7.1　巴比格大坝

巴比格大坝位于沙巴州首府哥打基纳巴卢东面约13千米，是哥打基纳巴卢供水扩大计划的重要工程。工程主要包括一座73米高的堆石坝、一条直径3米且位于左岸的导流洞和一条长90米的侧向溢洪道。导流洞内部有两条直径为0.6米和1.6米的压力水管，入口处有一座约70米高的取水塔，调节阀门外侧设有拦污栅，以避免杂物进入取水塔[24]。

3.7.2　巴贡水电站

巴贡水电站位于加里曼丹岛北部的沙捞越州拉让河的支流上，流域内年均降水量达4 500毫米，年均蒸发量为1 300毫米。巴贡水电站坝址以上流域面积为 14 750 平方千米，多年平均流量为 1 314 立方米/秒。该水电站装机容量 2 400MW，年发电量达 155.17 亿千瓦时，水库有效库容为 192 亿立方米，为大 I 型水利水电工程。坝顶高程为 236.5 米，死水位 195 米，水库正常蓄水位为 228 米。溢洪道采用千年一遇洪水设计，入库洪峰流量为 16 400 立方米/秒，设计下泄量为 10 160 立方米/秒。大坝采用 PMF 洪水校核，洪峰流量为 51 900 立方米/秒，对应水库水位为 232.8 米，校核泄量为 14 580 立方米/秒。巴贡水电站采用混凝土面板堆石坝，坝高 202 米，开敞式岸边溢洪道布置在左岸，由引渠段、堰闸段、泄槽段、挑流鼻坎和消能防冲区组成，总长度约 1 070 米[25]（见图 3 - 12）。

图 3 - 12　巴贡水电站

（图片来源：DID）

3.7.3　胡鲁水电站

胡鲁水电站位于马来西亚登嘉楼州肯逸水库西北处，距离登嘉楼州府约 90 千米，距首都吉隆坡约 450 千米。该工程由左、右两个库区组成，两库区由一条输水隧洞连通，左库区枢纽建筑主要为混凝土溢流坝和输水隧洞；右库区枢纽建筑物有引水发电系统、右岸导流洞、拦河心墙土石坝、左岸溢洪道。电站装机 2 台，总装机容量 250MW[26]。

3.7.4 克拉隆大坝

克拉隆大坝位于克拉隆河上，主要的修建目的是解决民都鲁（Bintu-lu）的供水问题。民都鲁是马来西亚最大的石油化工基地，供水需求随着其城市和工业的发展逐年增加。

克拉隆大坝高 35 米，长约 1 500 米，形成的水库面积约 30 平方千米，有效库容约 4 000 万立方米。大坝的坝址距离民都鲁市区仅有 20 千米，主体工程包括主坝、鞍形坝和左岸截水槽，附属设施有控制中心、溢洪道和进水塔等[27]。

3.7.5 沐若水电站

沐若水电站位于沙捞越州拉让河的上游支流沐若河上，工程由沙捞越州政府出资修建，总投资约 66 亿元人民币，于 2008 年动工，2014 年完成，主要目的为发电。形成水库的总库容为 120 亿立方米，其中调节库容 55 亿立方米，正常蓄水位为 540 米，死水位为 515 米。右岸的引水发电站安装有 4 台单机功率为 236MW 的发电机，总装机容量为 944MW[28]。

3.7.6 本欧坝

随着经济发展和人口的快速增长，古晋市的用水需求量也在迅速增长，年增长量超过 8%。为了解决供水问题，沙捞越州政府在古晋以南约 40 千米处修建了本欧坝。

本欧坝修建于本欧河上，本欧河为基里河上游的一条支流，流域面积约 127 平方千米。本欧坝坝址处的河床高程约 24 米，最小运行水位约 53 米，水库最高水位高程 80 米时，可提供流量调节所需的库容，总蓄水量为 14 400 万立方米，正常蓄水位时的库面面积为 8.87 平方千米。

大坝为混凝土重力坝，坝顶高程为 86.2 米，最大坝高和坝顶长分别为 63.2 米和 67 米。进水建筑物采用五级取水孔形式，将取得的水通过导流涵洞内直径为 1.6 米的竖管输送到下游。此外，在另一导流涵洞中还设置了一个直径为 1.6 米的底孔用于泄水。取水孔和底部泄水孔联合运行，在月均入流量最大时，可使水库水位每天降落 0.4 米左右，在 45 天内排空 90% 的库容，达到最低运行水位[29]。

参考文献

［1］龚晓辉，唐慧．马来西亚文化概论［M］．广州：世界图书出版广东有限公司，2015.

［2］中航国旅．马来西亚旅游景点大全［EB/OL］．（2008 - 09 - 30）［2017 - 04 - 05］. http：//www. zhgl. com/tourmall/line/3619. htm.

［3］中华人民共和国外交部．马来西亚国家概况［EB/OL］．（2017 - 01 - 30）［2017 - 04 - 06］. www. fmprc. gov. cn/web/gjhdq_676201/gj_676203/yz_676205/1206_676716/.

［4］龚晓辉，蒋丽勇，刘勇，等．马来西亚概论［M］．广州：世界图书出版广东有限公司，2012.

［5］骆永昆，马燕冰，张学刚．马来西亚（Malaysia）［M］．北京：社会科学文献出版社，2011.

［6］中国银行股份有限公司，社会科学文献出版社．文化中行："一带一路"国别文化手册——马来西亚：第 1 版［M］．北京：社会科学文献出版社·经济与管理出版分社，2016.

［7］唐元平，钟继军．马来西亚经济社会地理［M］．广州：世界图书出版公司，2015.

［8］常永胜．马来西亚社会文化与投资环境［M］．广州：世界图书出版广东有限公司，2012.

［9］世界银行. Average monthly temperature and rainfall for Vietnam from 1901 - 2015［EB/OL］．（2017 - 01 - 04）［2017 - 06 - 07］. http：//sdwebx. worldbank. org/climate-portal/index. cfm？page = country_historical_climate&ThisCCode = VNM.

［10］维基百科．马来西亚［EB/OL］．（2017 - 03 - 08）［2017 - 03 - 11］. https：//zh. wikipedia. org/wiki/% E9% A9% AC% E6% 9D% A5% E8% A5% BF% E4% BA%9A.

［11］NH B. IPCC default soil classes derived from the Harmonized World Soil Data Base（Ver. 1. 1）. Report 2009/02b［R］. Wageningen：Carbon Benefits Project（CBP）and IS-RIC - World Soil Information，2010.

［12］维基百科．翻译：马来西亚联邦宪法/第一章［EB/OL］．（2014 - 05 - 31）［2017 - 04 - 05］. https：//zh. wikisource. org/wiki/Translation：% E9% A9% AC% E6% 9D% A5% E8% A5% BF% E4% BA% 9A% E8% 81% 94% E9% 82% A6% E5% AE% AA% E6% B3% 95/% E7% AC% AC% E4% B8% 80% E7% AB% A0.

［13］Department of statistics Malaysia eStatistik. Population distribution by local authority areas and Mukims 2010［EB/OL］．（2013 - 04 - 30）［2017 - 03 - 12］. https：//newss. statistics. gov. my/newss - portalx/ep/epLogin. seam？cid =21505.

［14］维基百科. List of cities in Malaysia［EB/OL］．（2017 - 02 - 12）［2017 -

05 – 11］. https：//en. wikipedia. org/wiki/List_of_cities_in_Malaysia.

［15］百度百科. 吉隆坡［EB/OL］.（2016 – 11 – 21）［2017 – 03 – 21］. http：//
baike. baidu. com/link？url = sBQrxKT06Y – mcaXVHq6RThHR3uVZ7tPDXL8maDxKeDsEBCX1Wb –
w0_0e_dNTTmQoDjLnxavtcEqXp0VaJXd20dOIyJc8EiiuXP3mnHxb0MufieuZ8sR5cpR3YYLrxJ2k#refer-
ence – [5] – 53172 – wrap.

［16］维基百科. 吉隆坡［EB/OL］.（2016 – 11 – 22）［2017 – 03 – 23］. https：//
zh. wikipedia. org/wiki/% E5% 90% 89% E9% 9A% 86% E5% 9D% A1.

［17］百度百科. 乔治市［EB/OL］.（2016 – 04 – 12）［2017 – 03 – 21］. http：//
baike. baidu. com/item/% E6% A7% 9F% E5% 9F% 8E？fromtitle = % E4% B9% 94% E6% B2%
BB% E5% B8% 82&fromid = 6663203.

［18］维基百科. 乔治市［EB/OL］.（2017 – 01 – 22）［2017 – 03 – 23］. https：//
zh. wikipedia. org/wiki/% E4% B9% 94% E6% B2% BB% E5% B8% 82.

［19］北青旅. 吉隆坡经济［EB/OL］.（2010 – 01 – 22）［2017 – 03 – 27］. http：//
www. 5fen. com/jianjie/152465. html.

［20］百度百科. 古晋［EB/OL］.（2017 – 02 – 14）［2017 – 03 – 13］. http：//
baike. baidu. com/item/% E5% 8F% A4% E6% 99% 8B/1614690.

［21］Tabdulla. Sungei_Perak［EB/OL］.（2007 – 01 – 30）［2017 – 04 – 05］. https：//
en. wikipedia. org/wiki/File：Sungei_Perak. JPG.

［22］Malaysia D O I D. Flood Management – Programme and Activities［EB/OL］.
（2017 – 03 – 30）［2017 – 04 – 06］. http：//www. water. gov. my/our – services – mainmenu –
252/flood – mitigation – mainmenu – 323/programme – aamp – activities – mainmenu – 199？
lang = en.

［23］Department of Irrigation and Drainage M. SMART Project［EB/OL］.（2012 – 06 –
30）［2017 – 04 – 07］. https：//www. water. gov. my/index. php/pages/view/430.

［24］P. 卡特，吴效红. 巴比格大坝的设计与施工［J］. 水利水电快报，1997（4）.

［25］卞全，严优丽，范建朋. 马来西亚巴贡水电站的溢洪道设计［J］. 西北水
电，2006（4）.

［26］李海原. 马来西亚胡鲁水电站引水发电系统开挖阶段赶工索赔案例［J］.
四川水力发电，2013（S1）.

［27］赵建强. 马来西亚沐若水电站工程建设管理探讨［J］. 人民长江，2013
（8）.

［28］A. C. 莫里森，R. K. W. 林，D. A. 然谷，等. 马来西亚沙捞越河本欧坝的研
究与设计［J］. 水利水电快报，2011（3）.

第 4 章　菲律宾

4.1　国家简介

菲律宾（Philippines），全称为菲律宾共和国（The Republic of Philippines），其领土位于赤道和北回归线之间，是东南亚的一个群岛国家。其国家名称源于西班牙 16 世纪一位王子菲利普的名字。菲律宾无陆地邻国，东临太平洋，西接中国南海，南面、西南面分别隔西里伯斯海与苏禄海和印度尼西亚、马来西亚相对，北面与中国台湾隔巴士海峡相望。国土面积为 29.97 万平方千米，人口 1.007 亿（2015 年）[1]，东西距离 1 107 千米，南北距离 1 851 千米，海岸线为 18 533 千米[2]。其境内优良港湾和海峡众多，大片浅海和珊瑚礁环绕着岛屿。

菲律宾国土位于环太平洋火山—地震带上，相对活跃的地质构造有利于矿物的形成，其天然矿产不但储量大，品质也非常高。主要矿物资源包括铜、银、金铁、铬、镍等 20 余种，其中铜蕴藏量约 48 亿吨、镍 10.9 亿吨、金 1.36 亿吨[3]。

从旧石器时代开始，菲律宾已有早期的人类活动，但直到约一万年前，现代菲律宾居民的祖先才定居菲律宾。14 世纪前后，菲律宾诸岛上出现了一些割据王国，其中最著名的为 1390 年建立的苏禄苏丹国。1521 年，西班牙探险队在麦哲伦的带领下抵达菲律宾，由此逐渐开始了西班牙约 300 年的殖民统治。1898 年，美国和西班牙爆发战争，西班牙战败，菲律宾被转让为美国殖民地，同年，菲律宾本土爆发起义，建立了短暂的"菲律宾第一共和国"。1899 年，起义失败，菲律宾被美国占领。1942 年，菲律宾被日本占领并建立傀儡政权。随着第二次世界大战结束，东南亚各国人民反对殖民主义的运动蓬勃发展，美国被迫于 1946 年 7 月 4 日同意菲律宾独立，建立共和国，延续至今。

政治方面，菲律宾是一个共和制国家，仿照美国实行三权分立的总统制，总统是国家元首、政府首脑兼武装部队总司令，任期六年，不得连任。国会由参、众两院组成，任期六年，可连任两届。

经济方面，菲律宾以出口导向型经济为主，第三产业在国民经济中占有重要地位，其次为农业和制造业。自独立至今，菲律宾的经济经历了数次迅速增长的时期，然而政局动荡和社会不安定也是阻碍其发展的因素[4]。2015 年，菲律宾国内生产总值为 2 850 亿美元，人均国内生产总值为 2 799 美元，国内生产总值增长率为 5.8%[3]。

对外关系方面，菲律宾奉行独立的外交政策，目前已与 126 个国家建立外交关系。菲律宾也是东盟重要成员，并于 2017 年担任东盟轮值主席国。

4.1.1 自然地理

菲律宾国土位于北纬 4°23′~21°25′、东经 116°40′~127°，素有"千岛之国"的称号。全国由 7 107 个大小岛屿及露出水面的礁石组成，其中已命名的岛屿有 3 000 多个[5]，有人类居住的岛屿仅 1 000 余个，面积超过 1 平方千米的岛屿只有 466 个，其中吕宋岛、棉兰老岛和萨马岛等 11 个主要岛屿的面积约占菲律宾全国总面积的 96%。

地理分布上而言，菲律宾北部的吕宋（Luzon）岛和南部的棉兰老（Mindanao）岛是其国内最大的两个岛屿，在两岛之间的是米沙鄢（Visayan）群岛，吕宋岛和棉兰老岛向西南方向延伸有巴拉望（Palawan）群岛和苏禄（Sulu）群岛，为菲律宾通往加里曼丹岛的两条岛链。

菲律宾地形以山地为主，国内土地总面积的四分之三以上为山地，平原多集中在沿海地区，且一般较为狭窄。而各岛上的江河多为流程短、水流急的岛屿河流，不利于航行。

4.1.1.1 地形

菲律宾群岛没有特大型岛屿，各岛的内部到海边的距离一般不超过 50 千米，外围被浅海包围。岛内地形一般以山地为主，且大部分山地海拔在 2 000 米以上。据统计，菲律宾海拔在 2 000 米以上的山峰有 21 座，大部分为火山。

吕宋岛是菲律宾国内第一大岛，位于菲律宾群岛的北部，其面积为 10.47 万平方千米，约占全国总面积的 35%。首都马尼拉位于该岛的西部。从北往南中央山脉（Cordillera Central）和马德里山脉（Sierra Madre）不断绵延，在南端两山脉汇合后继续向南，与西面的三描礼士山脉（Zambales）继续成并列之势。在山脉间有大型平原，是菲律宾重要的农业产区。

棉兰老岛是菲律宾的第二大岛，位于菲律宾群岛南部，面积 9.46 万平方千米，约占全国面积的 32%。该岛东部为南北走向的迪瓦塔（Divata）山脉，中部为武经纶（Bukidnon）和兰老（Lanao）火山高原，西部为南北走向的科迪勒拉（Cordillera）山脉。菲律宾最高山——阿波（Apo）火山（海拔 2 954 米），在当地有"火山王"的称号，也位于棉兰老岛的南部。

除了两个大岛外，米沙鄢群岛上也有一些相对较大的岛屿，如萨马岛（1.33 万平方千米）、内格罗斯岛（1.27 万平方千米）和班乃岛（1.15 万平方千米）等。菲律宾主要山脉情况如表 4-1 所示：

表 4-1　菲律宾主要山脉情况

编号	山峰名称	中文译名	所在岛屿	海拔高度（米）	编号	山峰名称	中文译名	所在岛屿	海拔高度（米）
1	Mount Apo	阿波火山	棉兰老岛	2 954	12	Mount Baco	巴科山	民都洛岛	2 364
2	Mount Katanglad	卡坦格拉德山	棉兰老岛	2 938	13	Mount Sicapoo	西卡波山	吕宋岛	2 361
3	Mount Pulog	普洛格山	吕宋岛	2 922	14	Mount Matutum	马图图姆山	棉兰老岛	2 286
4	Kalatungan Mountains	卡拉屯干山	棉兰老岛	2 880	15	Mount Banahao	巴拉豪山	吕宋岛	2 170
5	Mount Piapayungan	皮阿帕云干山	棉兰老岛	2 815	16	Mount Madiac	玛蒂阿克山	班乃岛	2 117
6	Mount Tagubud	塔古布德山	棉兰老岛	2 670	17	Mount Mantaling	曼塔林山	巴拉望岛	2 085
7	Mount Halcon	哈尔空山	民都洛岛	2 582	18	HP Sibuyan Island	锡布延岛	锡布延岛	2 050
8	Mount Mangabon	曼加邦山	棉兰老岛	2 480	19	High Peak	高峰	吕宋岛	2 037

（续上表）

编号	山峰名称	中文译名	所在岛屿	海拔高度（米）	编号	山峰名称	中文译名	所在岛屿	海拔高度（米）
9	Mayon Volcano	马荣火山	吕宋岛	2 462	20	Mount Busa	布沙山	棉兰老岛	2 030
10	Canlaon Mountain	坎拉翁山	内格罗斯岛	2 430	21	Mount Isarog	伊萨诺格山	吕宋岛	2 000
11	Mount Malindang	马林当山	棉兰老岛	2 404					

（资料来源：Peaklist[6]）

4.1.1.2　气候

菲律宾群岛全境位于北回归线以南，故其以热带性气候为主，具有温度高、湿度大、降雨量大、台风多的特点[7]。但菲律宾国内地形主要以山地为主，地势南北低、中部高，故气候受地形影响也呈现出一些地区差异性。一般而言，菲律宾北部为海洋性热带季风气候，一年内有明显的雨旱两季，11 月至次年 4 月为雨季，其余时段为旱季。南部为热带雨林气候，全年高温多雨，但受地理因素影响，可细分为东岸型、西岸型和南部型[8]三种。东部多受东北季风影响，以布隆甘（Borongan）为典型，11 月至次年 1 月降雨明显；西部季节分别不太明显，以宿务市（Cebu）为典型，11 月至次年 4 月降水较少，其余时间降水较为丰沛；南部靠近赤道，以桑托斯将军市（General Santos）为典型，全年降水量分布较为平均。此外，在少数高山地区，气温会比其他地区低 7℃ ~10℃，如海拔高度 1 500 多米的碧瑶市（Baguio），终年气候凉爽，是菲律宾著名的避暑胜地。

图 4 - 1 为菲律宾多年平均气温和降水量图，由统计可得，菲律宾多年平均气温为 25.5℃，最冷月份出现在 1 月，平均气温 24.3℃；最热月份为 5 月，平均气温 26.7℃。多年平均降水量为 2 456.4 毫米，实际上，大部分地区年平均降水量在 2 000 ~3 000 毫米。

菲律宾受到台风的影响较大，每年的 7—10 月是台风的频发时期，来自西太平洋马里亚纳群岛东南面的台风在夏秋两季吹向菲律宾，对菲律宾中部和北部的影响尤为巨大。一般每年登陆菲律宾的台风数量平均为 8 ~

10 场。而 1993 年登陆菲律宾的台风有 19 场[9]，是 1970—2000 年台风登陆数量最多的一年。

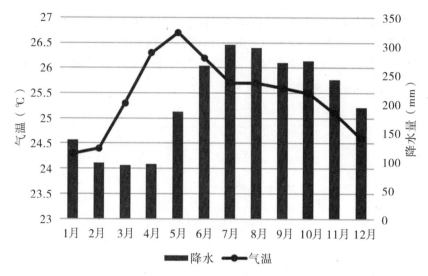

图 4 - 1　菲律宾多年平均气温及降水量（1901—2015 年）
（资料来源：世界银行[10]）

4.1.1.3　地表覆盖与植被状况

据统计，菲律宾面积占国土总面积 1% 以上的地表覆盖类型有常绿阔叶林、农业镶嵌林、农田、永久湿地、水体（WR）、热带多树草原和城镇用地（Urban Area），其比例分别为 44.46%、40.19%、6.16%、4.60%、1.46%、1.40% 和 1.03%。

菲律宾地处热带，土地肥沃，终年多雨，适合植被生长。全国森林总面积约 1 599 万公顷[2]，森林覆盖率为 53%，南部棉兰老地区的森林尤其广阔，提供了全国木材出产总量的四分之三。菲律宾国内树木的种类为 2 500 多种，主要树种有桃花心木、柚木、红木等，是重要的出口商品。

4.1.1.4　土壤类型

按照联合国政府间气候变化专门委员会的一般土壤分类标准[11]，菲律宾的主要土壤类型包括高活性黏土、低活性黏土、沙质土、火山土、湿地土壤和水体，占国土面积的百分比分别为 25.50%、64.72%、1.02%、4.14%、2.11% 和 2.51%。

4.1.2 行政区划

菲律宾的行政区划分为四级，从高到低分别为大区/自治区、省/独立市、自治市/城市及描笼涯（Barangay）。截至 2015 年 3 月，菲律宾共有大区 17 个，省级行政区划 81 个，自治市和城市 1 634 个，描笼涯 42 029 个[12]。各大区的详细情况如图 4－2、表 4－2 所示：

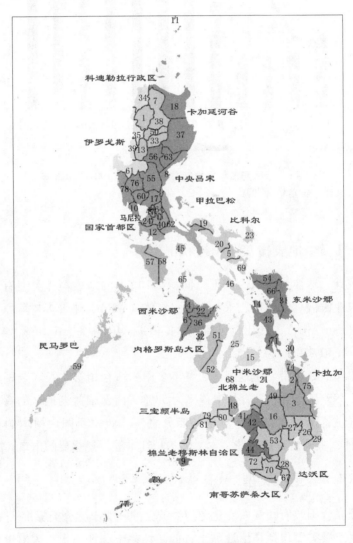

图 4－2 菲律宾行政区划图

表 4 - 2　菲律宾一级行政区划统计数据

大区	图中编号	省份	中文译名	2015 年人口	面积（平方千米）	首府
比科尔	5	Albay	阿尔拜省	1 314 826	2 553	黎牙实比
	19	Camarines Norte	北甘马粦省	583 313	2 113	达特
	20	Camarines Sur	南甘马粦省	1 952 544	5 267	皮利
	23	Catanduanes	卡坦端内斯省	260 964	1 512	比拉克
	46	Masbate	马斯巴特省	892 393	4 048	马斯巴特
	69	Sorsogon	索索贡省	792 949	2 141	索索贡
甲拉巴松	12	Batangas	八打雁省	2 694 335	3 166	八打雁
	24	Cavite	甲米地省	3 678 301	1 288	特雷塞马蒂雷斯
	40	Laguna	内湖省	3 035 081	1 760	圣克鲁斯
	62	Quezon	奎松省	1 856 582	8 707	卢塞纳
	64	Rizal	黎刹省	2 884 227	1 309	安蒂波罗
北棉兰老	16	Bukidnon	布基农省	1 415 226	8 294	马来巴来
	21	Camiguin	甘米银省	88 478	230	曼巴豪
	41	Lanao del Norte	北拉瑙省	676 395	2 279	图博
	48	Misamis Occidental	西米萨米斯省	602 126	1 939	奥罗基耶塔
	49	Misamis Oriental	东米萨米斯省	888 509	3 081	卡加延德奥罗
达沃区	26	Compostela Valley	康波斯特拉谷省	736 107	4 667	那布图兰
	27	Davao del Norte	北达沃省	1 016 332	3 463	塔古姆
	28	Davao del Sur	南达沃省	632 588	2 164	迪戈斯
	29	Davao Oriental	东达沃省	558 958	5 164	马蒂
东米沙鄢	14	Biliran	比利兰省	171 612	555	纳瓦尔
	31	Eastern Samar	东萨马省	467 160	4 340	博龙岸
	43	Leyte	莱特省	1 724 679	5 713	塔克洛班
	54	Northern Samar	北萨马省	632 379	3 499	卡塔曼
	66	Samar	萨马省	780 481	5 591	卡巴洛甘
	71	Southern Leyte	南莱特省	421 750	1 735	马阿辛

（续上表）

大区	图中编号	省份	中文译名	2015年人口	面积（平方千米）	首府
国家首都区	47	Metropolitan Manila	马尼拉	12 877 253	633	马尼拉
卡加延河谷	11	Batanes	巴坦群岛省	17 246	209	八示戈
	18	Cagayan	卡加延省	1 199 320	9 003	土格加劳
	37	Isabela	伊莎贝拉省	1 593 566	10 665	伊拉甘
	56	Nueva Vizcaya	新比斯开省	452 287	3 904	巴云邦
	63	Quirino	季里诺省	188 991	3 057	卡巴罗吉斯
卡拉加	2	Agusan del Norte	北阿古桑省	354 503	1 773	卡巴巴兰
	3	Agusan del Sur	南阿古桑省	700 653	8 966	普罗思佩里达
	30	Dinagat Islands	迪纳加特群岛省	127 152	802	圣何塞
	74	Surigao del Norte	北苏里高省	485 088	1 937	苏里高
	75	Surigao del Sur	南苏里高省	592 250	4 552	丹达
科迪勒拉行政区	1	Abra	阿布拉省	241 160	3 976	邦贵
	7	Apayao	阿巴尧省	119 184	3 928	卡布高
	13	Benguet	本格特省	446 224	2 655	拉特立尼达
	33	Ifugao	伊富高省	5 026 128	12 840	拉加韦
	38	Kalinga	卡林阿省	212 680	3 120	塔布克
	50	Mountain Province	高山省	154 590	2 097	邦都
棉兰老穆斯林自治区	9	Basilan	巴西兰省	346 579	1 234	伊莎贝拉
	42	Lanao del Sur	南拉瑙省	1 045 429	3 873	马拉维
	44	Maguindanao	马京达瑙省	1 173 933	4 900	谢里夫阿瓜克
	73	Sulu	苏禄省	824 731	1 600	霍洛
	77	Tawi – Tawi	塔威塔威省	390 715	1 087	邦奥
民马罗巴	45	Marinduque	马林杜克省	234 521	959	波克
	57	Occidental Mindoro	西民都洛省	487 414	5 880	曼布劳
	58	Oriental Mindoro	东民都洛省	844 059	4 365	卡拉潘
	59	Palawan	巴拉望省	849 469	14 650	公主港
	65	Romblon	朗布隆省	292 781	1 356	朗布隆

（续上表）

大区	图中编号	省份	中文译名	2015 年人口	面积（平方千米）	首府
南哥苏萨桑大区	53	North Cotabato	哥打巴托省	1 379 747	6 566	基达帕万
	67	Sarangani	萨兰加尼省	544 261	2 980	阿拉贝尔
	70	South Cotabato	南哥打巴托省	915 289	3 996	科罗纳达尔
	72	Sultan Kudarat	苏丹库达拉省	812 095	4 715	伊苏兰
内格罗斯岛大区	51	Negros Occidental	西内格罗斯省	2 497 261	7 926	巴科洛德
	52	Negros Oriental	东内格罗斯省	1 354 995	5 402	杜马格特
三宝颜半岛	79	Zamboanga del Norte	北三宝颜省	1 011 393	6 618	第波罗
	80	Zamboanga del Sur	南三宝颜省	1 010 674	3 481	帕加迪安
	81	Zamboanga Sibugay	三宝颜锡布格省	633 129	16 925	伊皮尔
西米沙鄢	4	Aklan	阿克兰省	574 823	1 818	卡利博
	6	Antique	安蒂克省	582 012	2 522	圣何塞—德布埃纳维斯塔
	22	Capiz	卡皮斯省	761 384	2 633	罗哈斯
	32	Guimaras	吉马拉斯省	174 613	604	霍尔丹
	36	Iloilo	伊洛伊洛省	1 936 423	4 720	怡朗
伊罗戈斯	34	Ilocos Norte	北伊罗戈省	593 081	3 399	拉瓦格
	35	Ilocos Sur	南伊罗戈省	689 668	2 580	维甘
	39	La Union	拉乌尼翁省	786 653	1 493	圣费尔南多
	61	Pangasinan	邦阿西楠省	2 956 726	5 368	林加延
中米沙鄢	15	Bohol	保和省	1 313 560	4 117	塔比拉兰
	25	Cebu	宿务省	2 938 982	5 088	宿务
	68	Siquijor	锡基霍尔省	95 984	344	锡基霍尔

（续上表）

大区	图中编号	省份	中文译名	2015年人口	面积（平方千米）	首府
中央吕宋	8	Aurora	奥罗拉省	214 336	3 240	巴莱尔
	10	Bataan	巴丹省	760 650	1 373	巴朗牙
	17	Bulacan	布拉干省	3 292 071	2 625	马洛洛斯
	55	Nueva Ecija	新怡诗夏省	2 151 461	5 284	帕拉延
	60	Pampanga	邦板牙省	2 198 110	2 181	圣费尔南多
	76	Tarlac	打拉省	1 366 027	3 053	打拉
	78	Zambales	三描礼士省	590 848	3 714	伊巴

（资料来源：http：//www.xzqh.org）

4.1.3　重要城市

根据菲律宾亚洲管理所（Asian Institute of Management，AIM）作出的一份2007年菲律宾城市全球竞争力调查[13]，结合人口数量、地理位置、地方经济活力、历史文化、基础建设等因素，选出了10座菲律宾城市，其简况如表4-3所示。以下再选取几座主要城市加以详细介绍。

表4-3　菲律宾主要城市简况

编号	城市	中文译名	所属大区	面积（平方千米）	人口（2015年）
1	Quezon City	奎松市	首都区	166.2	2 936 116
2	Manila	马尼拉	首都区	38.55	1 780 148
3	Davao City	达沃市	达沃区	2 443.61	1 632 991
4	Caloocan	加洛坎	首都区	55.8	1 583 978
5	Cebu City	宿务市	中米沙鄢	315	922 611
6	Zamboanga City	三宝颜市	三宝颜半岛	1 414.7	861 799
7	Taguig	达义	首都区	53.67	804 915
8	Antipolo	安蒂波洛	卡拉巴松	306.1	776 386
9	Pasig	帕西格	首都区	31	755 300
10	Cagayan de Oro	卡加延德奥罗	北棉兰老	412.8	675 950

（资料来源：Wikipedia[14]）

4.1.3.1　马尼拉（Manila）

马尼拉市位于吕宋岛的西岸，也被称为"小吕宋"，是菲律宾的首都和国内最大港口。其西面是马尼拉湾。巴石河（Pasig River）从城市中部穿过，将马尼拉市分为南北两部分，各有 8 个城区。

马尼拉是菲律宾的政治、经济、文化、教育和工业中心，也是国内的第二大城市。马尼拉市和奎松市作为中心区域，和周围卫星城市组成了马尼拉大都会区域。该区域面积约为 633 平方千米，人口约 1 287.7 万（2015 年），是亚洲最大的都会区之一，集中了菲律宾全国一半以上的工业企业，包括制糖、冶金、烟草、纺织等，工业产值占全国产值的 60%。同时，也是银行、交通、房地产等行业的投资中心。马尼拉港作为菲律宾最大的海港，菲律宾全国出口货物的三分之一和进口货物的五分之四均于此装船运输。

4.1.3.2　奎松市（Quezon City）

奎松市也被译作计顺市，以人口计算，是菲律宾的第一大城市，位于首都马尼拉东北约 9 公里，名称源自菲律宾前总统曼努埃尔·奎松（Manuel L. Quezon）。奎松市是菲律宾 1948—1976 年的首都，有许多政府大厦和国家机构的前址位于此处。居民大多信奉天主教。

奎松市是菲律宾主要的娱乐中心，电影业十分发达，许多菲律宾的电视节目及电影均在此地拍摄、制作，有"菲律宾的好莱坞"之称。

4.1.3.3　达沃市（Davao City）

达沃市位于菲律宾棉兰老岛的东南部，南面是苏拉威西海，东面是达沃湾，是棉兰老岛上最重要的城市，也是菲律宾的第三大城市。

达沃市是棉兰老岛的主要港口和贸易中心，与菲律宾各大城市间均有相应的海运和空运线路，交通十分便利。目前，农业及相关的加工业仍是达沃市的主要经济行业，森林面积占全市面积的 90%，其中农业用地占土地利用面积的 43%[15]，主要种植的农产品有香蕉、菠萝、椰子和咖啡，同时还盛产各类水果和鲜花。

4.1.3.4　宿务市（Cebu City）

宿务市位于菲律宾米沙鄢群岛的宿务岛北部，是菲律宾历史最为悠久的城市之一，1521 年西班牙航海家麦哲伦最早于此登陆菲律宾。是米沙鄢群岛地区最重要的商业和贸易中心，被誉为"南方皇后市"（Queen City of the South）。

宿务是一个高度发达的工业和商业中心，其加工业在国内拥有重要地位，主要行业有烟草、椰子加工、水产、啤酒和木材等。此外，近年来宿务也大力发展以自然资源为导向的旅游业，每年接待约40万海内外游客。

4.1.3.5 三宝颜市（Zamboanga City）

三宝颜市位于棉兰老岛西部的三宝颜半岛上，临近巴西兰海峡，与苏禄群岛隔海相望。当地方言受西班牙影响较深，是菲律宾唯一一个大多数人说西班牙克里奥尔语的城市[8]。

三宝颜位于狭窄的沿海平原上，主要经济产业为渔业和制造业，是重要的渔业基地，生产的沙丁鱼享誉菲律宾。同时三宝颜还是重要的国际转运港口。

4.2 主要流域

4.2.1 概述

菲律宾地处热带地区，终年高温多雨，除了一些山间小河外，菲律宾国内共有421条河流、59个天然湖泊和超过10万公顷的淡水沼泽，水资源非常丰富。但菲律宾是一个群岛国家，国土破碎，地形以山地为主，故境内没有大型河流，只有众多源短流急的河流，对通航不利。

菲律宾国内流域超过5 000平方千米的主要流域有6个，即吕宋岛的邦板牙河流域、阿格诺河流域、阿布拉河流域以及卡加延河流域，棉兰老岛的棉兰老河流域和阿古桑河流域。流域面积超过1 000平方千米的流域有18个，其中吕宋岛上有7个，棉兰老岛上有8个，班乃岛上有2个，内格罗斯岛上有1个。

为了方便对全国的水资源进行综合规划管理，菲律宾国家水资源委员会将全国分为12个水资源区域。水资源区域主要依据国家的地貌特征和气候分布特点，来划分水文边界。事实上，这些水资源区域一般对应于该国现有的行政区域，水文区划基本规定的微小偏差只影响到吕宋岛北部和棉兰老岛北部。菲律宾主要河流水系及部分重要河流统计数据如图4-3和表4-4所示：

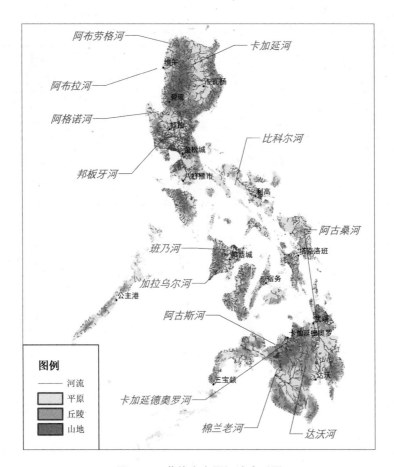

图 4-3 菲律宾主要河流水系图

表 4-4 菲律宾部分重要河流统计数据

所在地区	河流名称	源头	河长（千米）	流域面积（平方千米）
吕宋	邦板牙河	马德雷山脉	260	10 540
	阿布拉河	达塔山	178	5 125
	阿格诺河	哥迪丽拉山脉	206	5 952
	阿布劳格河	卡林加省	175	3 732
	卡加延河	卡拉巴略山脉	505	27 300
	比科尔河	巴托湖	94	3 770
米沙鄢	班乃河	班乃岛	152	2 181
	加拉乌尔河	班乃岛	123	1 503

（续上表）

所在地区	河流名称	源头	河长（千米）	流域面积（平方千米）
棉兰老	阿古桑河	康波斯特拉谷	390	11 937
	达沃河	南棉兰老	160	1 700
	棉兰老河	伊帕苏贡山	373	23 169
	卡加延德奥罗河	卡拉通甘山脉、基唐莱德山脉	90	1 521
	阿古斯河	拉瑙湖	36.5	1 645

（资料来源：Wikipedia[16]）

4.2.2 吕宋岛主要河流

4.2.2.1 卡加延河（Cagayan River）

卡加延河位于吕宋岛东北部的卡加延河谷，是菲律宾国内最长、流域面积最大的河流。源头位于吕宋岛中部的卡拉巴略山脉上（海拔 1 524 米）。从源头而下向北流淌，沿途经过卡瓦扬（Cauayan）和土格加劳（Tuguegarao）后，在阿帕里（Aparri）附近入海。河长 505 千米，流域面积27 300平方千米，年均径流量 410 立方米/秒，主要支流包括奇科河（Chico）、四复河（Siffu）、马里格河（Mallig）、马加特河（Magat）和伊拉干河（Ilagan）。

河流下游是肥沃的河谷，盛产各种农作物，包括水稻、香蕉、柑橘、烟草和玉米等，上游的科迪勒拉山富含矿产，有一定规模的矿业企业在此经营。

马加特河长约150 千米，奇科河长约174.67 千米，两条河流均位于流域西南部，于仙朝峨市附近汇入干流，马加特河和奇科河的流域面积大概占整个卡加延河流域面积的1/3。伊拉干河起源于马德雷山脉西面，向西流淌，于干流河口约200 千米的伊拉干市附近汇入干流，年流量约为94.5 亿立方米。

4.2.2.2 邦板牙河（Pampanga River）

邦板牙河位于吕宋岛中部地区，起源于马德雷山脉，河流一路向南流，经新怡诗夏、布拉干和邦板牙三个省份后，于马洛洛斯（Malolos）西南面的马尼拉海湾入海。河长 260 千米，流域面积 10 540 平方千米，其主要支流包括流域东面的佩尼亚兰达河（Peñaranda）和西部的圣可比埃河（Sacobia）。

流域内旱季一般在 12 月至次年 5 月，最潮湿的时期为 7 月至 9 月，一般一年平均有一次以上的洪水，有时流域内可出现 24 小时最大降水量为 100～130 毫米的大暴雨。历史上曾发生大洪水的年份有 1962 年 7 月，1966 年 5 月，1972 年 7 月，1976 年 5 月，1976 年 10 月，2003 年 8 月，2004 年 8 月，2009 年 9 月至 10 月，2012 年 8 月。其中 1972 年的洪水尤为严重，洪水淹没了邦板牙河布拉干的大部分区域，包括首都马尼拉在内的 14 个省份受到洪水影响[17]。

海拔 1 026 千米的阿拉亚特山（Mount Arayat）位于流域中部，其东南部有面积约 250 平方千米的大片沼泽，雨季时可吸纳马德雷山脉西坡的部分洪水，对蓄滞洪有重要意义。

4.2.2.3　阿布拉河（Abra River）

阿布拉河发源于吕宋岛北部的达塔山（Mount Data）附近，先向北流，经过塞万提斯（Cervantes）和马纳博（Manabo）后，在拉巴斯（La Paz）附近向西，最终注入中国南海。河长 178 千米，流域面积为 5 125 平方千米。该河流的径流年内分配相差较大，雨季时水量丰沛，在阿布拉河谷和山间有许多细小支流存在，但旱季时水量较缺乏，许多支流干涸，露出崎岖的岩石底部。

4.2.2.4　阿格诺河（Agno River）

阿格诺河位于吕宋岛西部，是吕宋岛第三大河流，主要穿过本格特和邦阿西楠两个省份。发源于哥迪丽拉山上，自北向南流经圣尼古拉斯（San Nicolas）和罗萨莱斯（Bayan ng Rosales）后，转向西流，在林加延（Bayan ng Lingayen）附近注入林加延湾。河流河长 206 千米，流域面积 5 952 平方千米，年径流总量约为 66.54 亿立方米。其主要支流包括皮拉河（Pila）、卡密林河（Camiling）、打拉河（Tarlac）及安拔由河（Ambayoan）。

阿格诺河上游是平均海拔约为 600 米的高山群，在流出山区后，下游形成了一个巨大的冲积三角洲，称为邦阿西楠（Pangasinan）平原，是吕宋历史上重要的一个经济中心。

阿格诺河流域平均降水量从下游的 2 000 毫米到上游的 4 000 毫米不

等，因上游是典型的山区，为了防洪，修建有三座水坝，分别为宾格大坝（Binga），安布克拉大坝（Ambuklao）和圣罗可大坝（San Roque）。历史上发生大洪水的时间有 1972 年 7 月、1976 年 5 月和 2009 年 9 月，其中 2009 年的特大洪水淹没了整个邦阿西楠平原。

4.2.2.5　比科尔河（Bicol River）

比科尔河位于吕宋岛东南部，比科尔行政区的南甘马粦省（Camarines Sur）境内，发源于低于海平面 6 米的巴托湖（Bato Lake），自南向北，流经那加（Lungsod ng Naga）后注入圣米格尔湾。那牙市所在的比科尔河谷是一个细长而广阔的沿海冲积平原，其特点是坡度非常小，几乎近似水平。河流长度为 94 千米，流域面积 3 770 平方千米，年平均流量为 165 立方米/秒。

气候上该地区易受太平洋信风和东北季风的影响，11 月和 12 月常受热带气旋影响。年平均气温为 27℃，平均降水量在 1 850 ~ 2 300 毫米[18]。

4.2.3　米沙鄢主要河流

4.2.3.1　班乃河（Panay River）

班乃河发源于班乃岛中部的山区，大体流向为东北，流经杜马拉（Dumalag）、帕尼坦（Panitan）后，在蓬特韦德拉（Pontevedra）北面注入米沙鄢海。河长 152 千米，流域面积 2 181 平方千米，年平均流量为 46.15 立方米/秒，是整个米沙鄢群岛地区最长的河流。其主要支流包括塔帕兹河（Tarpaz）、马布沙河（Mambusao）、巴德巴然河（Badbaran）和马尤河（Maayon）。

4.2.3.2　加拉乌尔河（Jalaur River）

加拉乌尔河发源于菲律宾班乃岛的中央班乃山脉（Central Panay Mountain Range），其海拔为 1 909 米。自北向南而流，经过杜埃尼亚斯（Duenas）、波托坦（Pototan）后，在萨拉加（Zarraga）南面注入伊洛伊洛海峡。河流长度为 123 千米，流域面积 1 503 平方千米，年平均流量为 40.29 立方米/秒。

加拉乌尔河大部分位于班乃岛的伊洛伊洛省，对该省具有重要意义，是农田灌溉和居民用水的主要水源，灌溉农田 15 519 公顷[19]。

4.2.4　棉兰老岛主要河流

4.2.4.1　棉兰老河（Mindanao River）

棉兰老河主要位于棉兰老岛的东部和中部地区，是菲律宾仅次于吕宋岛卡加延河的第二大水系。发源于棉兰老岛中部的高地，在那里被称为布兰吉河（Pulangi），自北而南于卡巴参河（Kabacan）汇合后，称为棉兰老河。河流流出山区后，在棉兰老岛的中南部形成一个广阔的平原，而后折向西流，在哥打巴托（Lungsod ng Cotabato）伊利亚纳湾附近入海。河流长约 373 千米，流域面积 23 169 平方千米。其主要支流包括布兰吉河（Pulangi）、西曼河（Simuay）、布鲁河（Buluan）、安拉河（Allah）、里巴甘河（Libungan）和米兰河（M'lang）。

棉兰老河是棉兰老岛上重要的水路运输干线，过去常常被用于运输木材，现在则主要用于运输农产品。

4.2.4.2　达沃河（Davao River）

达沃河发源于棉兰老岛东部圣费尔南多（San Fernando）的阿波塔洛莫（Apo–Talomo），上游为塞勒河（Salug），流向自北向南，在达沃市附近流入达沃湾。河流长度为 160 千米，流域面积 1 700 平方千米，年平均径流量为 80 立方米/秒。流域内年平均降雨量约为 1 800 毫米，降雨在年内分布较为均匀。土地利用类型较为多样，上游多山地，下游有农业种植区和大片红树林，沿海的达沃市是菲律宾重要的港口和贸易中心。

4.2.4.3　卡加延德奥罗河（Cagayan de Oro River）

卡加延德奥罗河是一条棉兰老岛北部的河流，发源于岛中部的卡拉通甘山脉（Kalatungan Mountain Range）与基唐莱德山脉（Kitanglad Mountain Range），上游由多条支流汇流而成，其间河流一路向北，最终在卡加延德奥罗附近注入马卡哈拉湾。河流长度为 90 千米，流域面积 1 521 平方千米。其主要支流有卡拉泽格河（Kalawaig）、泰格特河（Tagite）、布班诺安河（Bubunaoan）和图马龙河（Tumalaong）。

卡加延德奥罗河诸支流渔业发达，11 月至次年 5 月的旱季是重要的渔业季节，当地至少 20% 以上的人是渔民，渔民的平均每周捕捞量为 5 公斤至 15 公斤[20]。近几年当地政府开始积极发展白水漂流，并将其作为当地的重点产业，包括前总统格洛丽亚（Gloria Macapagal - Arroyo）在内的许多菲律宾名人都曾来此观光和宣传[21]。

4.2.4.4 阿古桑河（Agusan River）

阿古桑河位于棉兰老岛的东北部，发源于海拔 1 022 米的康波斯特拉谷河，自南向北，在武端（Butuan）附近入海。河流长度为 390 千米，流域面积 11 937 平方千米。其主要支流包括班萨河（Bansa）、马纳特河（Manat）、瓦瓦河（Wawa）等。

阿古桑河上游有一个面积为 19 197 公顷的阿古桑沼泽，该沼泽对阿古桑流域而言是一个天然蓄洪池，洪水发生时能有效地减轻下游防洪压力。此外，沼泽内有其独特的生态环境，为多种濒危动物提供了栖息地，1996年被划为野生动物保护区。

4.3 洪涝灾害

4.3.1 洪涝灾害及损失情况

受所在地理位置和自然情况的影响，菲律宾是世界上最容易遭受自然灾害的国家之一。根据德国联合国大学的《2011 全球风险报告》，菲律宾灾害风险指数为 27.98%，在被评估的 173 个国家中排名第三[22]；据世界银行 2008 年的统计，菲律宾 50.3% 的领土和 81.3% 的人口抗灾能力低下[23]。台风及洪水是发生最为频繁的自然灾害。

从 EM - DAT（灾难数据库）中抽取了菲律宾自 1968 年到 2017 年部分年份所发生的有记录的洪涝灾害损失数据，结果见表 4 - 5。

据菲律宾环境、采矿和地理科学局（Department of Environment and Natural Mines and Geo-Science Bureau）2011 年的统计[24]，菲律宾国内 10 个最容易发生洪水的省份为邦板牙省（中吕宋）、新怡诗夏省（中吕宋）、邦阿西楠省（西吕宋）、打拉省（中吕宋）、马京达瑙省（棉兰老穆斯林自治区）、布拉干省（中吕宋）、马尼拉大都会（吕宋）、北哥打巴托省（棉兰老）、东民都洛省（西南吕宋）、北伊罗戈省（西北吕宋）。

表 4 – 5　1968—2017 年部分年份菲律宾洪涝灾害损失数据

年份	发生次数	死亡人数	受伤人数	受灾人口	经济损失（万美元）
1968	1	29	—	—	—
1972	1	653	—	2 770 647	22 000
1973	1	3	—	5 000	49. 3
1974	2	94	—	1 201 823	1 780
1975	1	—	—	99	—
1976	2	18	—	15 878	155. 3
1977	3	24	—	7 299	191. 3
1978	2	53	—	2 500	0
1979	1	—	—	16 000	698. 3
1980	1	2	—	25 980	—
1981	3	353	122	307 622	2 700
1982	4	33	232	201 085	6
1983	1	11	—	1 835	0. 3
1985	2	79	—	5 444	—
1986	1	3	3	615	5. 6
1989	2	44	11	307 511	600
1990	3	176	—	712 736	4. 3
1991	3	70	—	823	130
1992	3	79	13	1 053 832	7 420
1993	3	53	4	348 084	3 960
1994	4	62	—	811 583	414. 2
1995	6	476	7	129 185	70 094. 2
1996	1	—	—	96 000	—
1997	1	18	—	105 000	7. 6
1999	4	164	111	2 105 016	2 400
2000	3	55	—	165 643	408
2001	3	43	—	91 300	800
2002	4	90	67	155 567	184. 2
2003	1	—	—	3 500	—
2004	3	49	—	21 694	—
2005	2	5	—	193 046	51. 5

（续上表）

年份	发生次数	死亡人数	受伤人数	受灾人口	经济损失（万美元）
2006	6	36	—	732 509	1 415.7
2007	5	40	—	86 747	660
2008	8	116	41	1 602 889	3 957.7
2009	8	55	15	1 083 276	2 931.4
2010	9	162	22	2 846 935	5 058.9
2011	15	122	190	2 218 828	20 278.7
2012	8	157	16	4 614 628	7 533
2013	5	105	59	4 500 338	223 478.8
2014	3	5	—	145 130	—
2015	5	53	—	231 309	20
2016	2	45	—	2 563 098	932
2017	2	19	—	1 563 000	810

（资料来源：EM – DAT[25]）

4.3.2　近年来典型洪涝灾害

表 4 – 6 列出了 1972—2017 年菲律宾发生的部分洪涝灾害，后文将对几场较为典型的洪水进行具体的案例分析，这些洪水的成因、影响范围和造成的损失各不相同，但都能在一定程度上代表菲律宾洪涝灾害的特点。

表 4 – 6　菲律宾近年部分洪涝灾害简况表

时间	发生地点	损失	主要说明
1972.07	吕宋岛	死亡 289 人	马尼拉、布拉干、邦板牙、打拉等省市发生严重洪水
2006.07.13	吕宋东部和南部	死亡 14 人，经济损失约 4 500 万比索	台风"碧利斯"引起暴雨，引发内涝及山体滑坡
2011.12.16	棉兰老岛东部	440 人死亡，约 400 人失踪	热带风暴"天鹰"引发暴雨、河水暴涨及山体滑坡

（续上表）

时间	发生地点	损失	主要说明
2012.12.04	全国	902 人死亡，2 661 人受伤，934 人失踪，损坏房屋 148 万间，经济损失约 3.49 亿美元	台风"宝霞"引发大洪水
2013.06.20	棉兰老岛南部	约 10 万人撤离	台风"丽琵"引发洪水，主要受灾地点为达沃附近的 5 个省
2013.07.21	棉兰老岛	3 人死亡，约 50 万人受灾	暴雨引发山体滑坡，马京达瑙省灾情严重
2013.11.04	棉兰老岛南苏里高省	146 户家庭撤离，59 栋房屋受损，1 座桥梁被冲毁	台风"威尔玛"引发山体滑坡和骤发洪水
2014.01.17	南部 14 个省	34 人死亡，11 人失踪，339 870 人受灾，71 条道路损坏，超过 1 万公顷农田被毁	暴雨引发洪水
2014.01.21	棉兰老岛达沃、卡拉加	42 人死亡，约 80 人受灾，其中转移约 20 万人，经济损失 840 万美元	热带气旋"阿加顿"引发洪水
2014.02.04	棉兰老岛	超过 60 人死亡，约 5 000 人紧急转移	热带风暴"剑鱼"引发洪水及山体滑坡
2014.04.20	达沃省	1 302 户居民撤离	图格乃河（Tuganay River）水漫河堤引发洪水
2015.01.13	棉兰老和米沙鄢	超过 60 人死亡，2.5 万人撤离家园	台风"蔷薇"引发洪水
2015.01.22	哥打巴托省	2 人死亡，超过 1.2 万人转移	山洪
2015.07.07	棉兰老岛	7 人死亡	台风"莲花"引发暴雨及洪水

（续上表）

时间	发生地点	损失	主要说明
2015.12.15	东民都洛省	11 人死亡，75 万人撤离，损坏房屋 3 500 栋	台风"茉莉"引发洪水，部分城市如奎松、马卡迪出现内涝
2016.10.13	伊罗戈斯、卡加延、中吕宋地区	3 人死亡，约 5 万人受灾，40 条道路、200 余栋房屋被破坏	台风"莎莉嘉"引发洪水及山体滑坡
2016.12.16	萨马岛	2 人死亡，52 674 人撤离，受灾约 7.3 万人，11 个村庄遭受水淹	暴雨引发洪水
2016.12.27	民马罗巴区	受灾人数 153 384，撤离 127 012 人，损坏房屋 331 栋	台风"纳坦"引发洪水
2017.03.09	萨兰加尼省	1 人死亡，150 人撤离，房屋损坏 6 栋	暴雨导致洪水
2017.04.15	宿务	9 人死亡，73 栋房屋损坏	热带低气压"02W"导致骤发洪水

4.3.2.1　超强台风"海燕"（2013 年 11 月 8 日）

2013 年第 28 号超强台风"海燕"是 21 世纪以来在菲律宾登陆的最强热带风暴，于 11 月 8 日在菲律宾东萨马省吉万登陆，穿过米沙鄢群岛（见图 4 - 4）。"海燕"的瞬间最大风速达每小时 325 千米，持续风速超过每小时 200 千米，引发了沿海地区 6 米高的巨浪。吉万全市几乎被夷为平地，塔克洛班也受到重创。宿务省和保和省因之前 7.2 级地震的影响，大量灾民处于安置之中，"海燕"的到来引发的暴雨和山洪使当地的抗灾形势变得更为严峻。台风"海燕"在菲律宾造成的死亡人数超过 6 340，接近 3 万人受伤，约 1 880 人失踪，财产损失达 28 亿美元，是菲律宾历史上造成伤亡最为惨重的自然灾害之一。

图 4 - 4　超强台风"海燕"于菲律宾登陆

（图片来源：NASA）

4.3.2.2　马尼拉"13·08"洪水（2013 年 8 月 18 日）

受到 2013 年 12 号台风"潭美"（Trami）的影响，整个吕宋岛发生大暴雨，首都马尼拉市发生严重内涝，超过半数城区被水淹没，道路和交通受到严重影响，数千人被困于家中，全市停工停课。本次洪水造成 1 人死亡，2 人失踪。

本次台风给整个吕宋岛带来了强降水，许多地方的最大24小时降水量超过100毫米，其中马尼拉南部的安布隆市（Ambulong）达到440毫米。在马尼拉市，世界气象组织（WMO）于8月19日监测的24小时降水量为330毫米。

马尼拉市是一个洪水发生较为频繁的城市，一方面，其地形平坦，大量贫困人口居住在易发生洪水的低地和平原。另一方面，洪水损失巨大也与该市落后的排水系统有关，由于修建的时间较长，排水管道的堵塞情况非常严重，行洪能力严重不足。

4.3.2.3 吕宋"09·09"洪水（2009年9月26日）

2009年16号台风"凯萨娜"（Ketsana）在菲律宾奥罗拉和奎松省的边界地带登陆，其最大风速达到86千米/小时，给整个吕宋岛带来了强降水，马尼拉、奎松、瓦伦苏拉、卡洛奥坎、圣胡安等城市均发生了洪水灾害。台风带来的洪水给菲律宾造成了巨大损失，据菲律宾农业部估算，126 721公顷的农田被破坏，约占当年菲律宾稻米年产量的3%。而人员伤亡更为严重，洪水造成464人死亡，其中大部分死亡都发生在人口密集的马尼拉大都会附近。

4.3.2.4 棉兰老"14·01"洪水（2014年1月11日）

2014年1月，一个热带低压形成于菲律宾南部的棉兰老地区，给该地区带来大量降水，苏里高（Surigao）监测到的最大降水量为267毫米。暴雨引发洪水暴涨和山体滑坡，造成13人死亡，37人受伤，22条道路和13座桥梁被损坏（见图4-5）。受灾人数达132 379。

此外，米沙鄢地区的南部也受到暴雨和洪水的影响，并引发山体滑坡，造成22人死亡，13人失踪，超过2.5万人紧急撤离。由于受到台风"海燕"影响的部分灾民还住在临时避难所中，这也加重了该地区的灾情。

图 4 - 5　南苏里高省洪水

（图片来源：https://twitter.com/piasurigaosur）

4.3.2.5　中吕宋"16·08"洪水（2016 年 8 月 13 日）

从 2016 年 8 月开始，饱含水汽的西南季风开始给菲律宾的部分地区，包括马尼拉大都会、中吕宋和甲拉巴松带来强降水。据监测到的数据，马尼拉大都会的最大 24 小时降水量为 137.1 毫米，卡巴那图为 61.1 毫米，地拉古板为 150.7 毫米，碧瑶市为 118.1 毫米。暴雨使这些城市所在流域洪水泛滥成灾，造成严重的洪水灾害。据菲律宾国家灾害救援和管理委员会（National Disaster Risk Reduction & Management Council，NDRRMC）统计，本次洪水造成人员死亡 5 人（其中 3 起发生在马尼拉市），失踪 1 人和受伤 6 人。受灾人口为 80 467 人，其中 50 592 人被要求强制撤离到 104 个救灾安置点。此外，损失情况还包括 20 栋被严重损坏的房屋和 12 栋被完全摧毁的建筑。图 4 - 6 为菲律宾红十字会在街头救援场景。

图 4 - 6　菲律宾红十字会在街头的救援

（图片来源：菲律宾红十字会）

4.3.2.6　东米沙鄢"17·01"洪水（2017 年 1 月 17 日）

冷锋和低气压带来的暴雨在东米沙鄢和北棉兰老等地引起严重的洪水灾害，其中卡加延德奥罗市受灾严重。据世界气象组织的监测，第波罗的最大 24 小时降水量达 205.2 毫米，博龙岸达 134.3 毫米。洪水造成 4 人死亡，15 283 人受灾，约 30 栋房屋被严重破坏，超过 1.3 万人撤离家园。

4.3.3　洪涝灾害成因

对于菲律宾而言，引起洪水灾害的首要原因是台风。统计 2011 年以来发生洪水的原因，约有一半以上的洪水事件是由台风引起的，台风引发的暴雨和山洪、泥石流等次生灾害给菲律宾带来了严重的人员伤亡和经济损失。如 2012 年的"宝霞"、2013 年的"海燕"台风，均给菲律宾造成了惨重的伤亡。而菲律宾国内应急机制的缺陷和管理能力的不足也使菲律宾在面对灾害时，不能有效地组织灾害应急响应工作。

而台风影响相对较小的菲律宾南部棉兰老地区，受其高温多雨气候的影响，有更高的暴雨成灾的可能性。此外，根据表 4 - 5 洪水损失的结果统计，从时间分布来看，自 1972 年到 2006 年的 35 年间，发生了 4 次大洪水事件，8～9 年发生一次。参考厄尔尼诺的影响，可知 1972—1973 年、1992—1993 年、1994—1995 年均发生厄尔尼诺现象，与所统计的菲律宾发生大洪水的年份完全对应，可以认为厄尔尼诺现象对菲律宾的洪涝灾害强度有较大的影响。

4.4　水资源管理及灾害防治

4.4.1　水资源管理机构

1974 年 3 月 28 日，菲律宾政府建立了国家水资源委员会（National Water Resources Board，NWRB）以管理全国的水资源。国家水资源委员会的主要职责是协调和监管国内的水资源管理和开发。国家水资源委员会的三个主要职责如下：

（1）政策制定和协调：包括水资源评估和国家水资源保护。

（2）水资源监管：包括用水分配和水资源利用争端的解决。

（3）经济监管：包括监督公共用水设施运行和解决公共运行设施运行过程中出现的问题。

4.4.2　防洪救灾机构

菲律宾的防洪减灾工程由国家灾害救援和管理委员会负责。该机构成立于 2010 年，其前身为国家灾害协调委员会（National Disaster Coordinating Council，NDCC），主要职责为在紧急状态下保证救灾和灾害建设的相关工作。

其中央机构成员包括国防部、内政部、社会福利部、科技部和国家经济发展局的相关负责人，以及农业部、气象局、能源部等专业部门的专门人员。除了中央机构外，在相应的大区、省、市和县也建有地方灾害管理办公室，在国家防灾风险管理计划的框架下，执行预防、应对、救灾和灾后恢复等相关工作。

4.4.3　供水管理

菲律宾的供水系统由各水区（Water Districts）管理，除了马尼拉大都会，该地区的水资源管理由两家专门机构负责，1 天 24 小时不间断供水。而在其他水区管理的地区，每天供水一般少于 24 小时。另外，也存在私人供水机构，这些机构在 NWRB 的监管下，每天供水时间不得超过 8 小时。

到 2013 年 12 月为止，马尼拉大都会西区（Maynilad 负责）的供水覆盖率为 90%，该地区有 17 座城市，总人口 960 万。东区（Manila Water 负责）供水覆盖率为 92%，该地区有 23 座城市，总人口 630 万。

4.4.4 雨水管理

目前菲律宾还没有相应的国家雨水管理政策。然而，大型的组织和公司已经开始应用雨水收集系统以支持其内部用水需求，据菲律宾工业部的调查，它们所采用的高效节能的供水管理一般符合 ISO14001 环境管理系统中的规定。

2009—2010 年，宿务市有一个雨水和弃水管理工程的试点。这个工程旨在加强当地政府对雨水再利用统一规划及管理的能力，进一步建立一个雨水循环模式，以帮助市政规划和供水设施的修建。这个工程也能够提高菲律宾全国对发展高效节能供水设施的意识。

4.5 主要水利工程

菲律宾是临近赤道的岛国，其地理位置的便利为国内提供了丰富充足的降水，加之其地形多为山地地形，因此有了开发丰富水能资源的可能性。然而其水能的利用率并不高。据菲律宾能源部资料，截至 2010 年，菲律宾本土水电装机容量约为 3 400MW，水力发电占全国用电比例为 19.75%，因此在水能开发上仍有较大潜力。

菲律宾的水电站大多是中小型水电站，而大型水电站只占一小部分。据不完全统计，截至 2015 年，菲律宾已建成的大型水电站（装机容量在 10MW 以上）共有 14 个，总装机容量约为 2 700MW。各水电站的详细信息如表 4-7 所示。

表 4 - 7　菲律宾大型水电站情况

编号	工程名称	装机容量（MW）	所在位置	完成年份
1	Sabangan Hydro	14	高山省	2015
2	Sibulan Hydro A	16.5	南达沃省	2010
3	Sibulan Hydro B	26	南达沃省	2010
4	Bakun AC Hydro	70	南伊罗戈省	2001
5	Agus 1 Hydroelectric Power Plant	80	南拉瑙省	1994
6	Ambuklao Hydroelectric Power Plant	105	本格特省	2011
7	Pantabangan-Masiway Hydroelectric Power Plant	132	新怡诗夏省	1980
8	Binga Hydroeletric Power Plant	140	本格特省	2013
9	Agus 6 Hydroelectric Power Plant	200	北拉瑙省	1977
10	Pulangi IV Hydroelectric Power Plant	255	布基农省	1986
11	Angat Dam	256	布拉干省	1992
12	San Roque Dam	435	马尼拉首都特区	2003
13	Magat Dam	360	伊莎贝拉省	1982
14	Kalayaan Pumped - Storage Hydroelectric Project	685	内湖省	1983

4.5.1　安哈特水坝（Angat Dam）

安哈特水坝位于菲律宾布拉干省诺扎加雷市圣洛伦佐区的山顶，坐落在安哈特流域森林保护区内，大坝高 131 米，装机容量 256MW。水库不仅是马尼拉的主要供电点，还通过大都市自来水公司和污水处理系统的设施，为马尼拉大都会提供大约 90% 的原水需求，并在布拉干省和潘潘加省灌溉约 28 000 公顷的农田。安哈特水坝如图 4 - 7 所示：

图4-7 安哈特水坝

（图片来源：Wikipedia）

4.5.2 宾加水电站（Binga Hydroeletric Power Plant）

宾加大坝为土石坝，坝高107.37米，坝长215米，总库容0.87亿立方米，最大水深193米，拥有4组发电机组，总装机容量达140MW。

宾加大坝位于班戈特（Benguet）省的伊托贡（Itogon）市的阿格诺（Agno）河上，大坝于1956年8月建成，1960年5月投入运行。2010年，宾加水电站经过翻新，其装机容量从100MW提高到了125MW，该项目于2013年7月竣工。2014年，宾加公司又进行了上调工作，并将其产能提升至140MW。现在宾加水电站属菲律宾国家电力公司与SN Aboitiz Power-Benguet公司共同所有。

4.5.3 圣罗克水电站（San Roque Dam）

圣罗克水电站位于阿格诺河上，距首都马尼拉约200千米。大坝为黏土心墙土石坝。坝高 200 米，长 1 130 米，水库蓄水面积为 14 平方千米，总库容为 8.35 亿立方米。值得一提的是，圣罗克水电站的大坝建筑体积为 4 000 万立方米，以体积而论，是菲律宾最大的水坝，也是世界第十六大水坝。它拥有 3 组混流式水轮发电机，发电水头高度为 150.4 米，装机容量 435MW。

圣罗克水电站于 1998 年由圣罗克电力公司开始兴建，并在 2003 年 1 月开始投入运行。建设完成后，大坝和溢洪道的所有权交由菲律宾政府，而圣罗克电力公司将拥有和经营发电设备 25 年，之后将所有权转让给政府。

4.5.4　马加特水电站（Magat Dam）

马加特水电站坐落在菲律宾的马加特（Magat）河上，是一座堆石坝。坝高 114 米，坝长 4 160 米，总库容为 10.8 亿立方米，覆盖面积为 117 平方千米，最大水深为 193 米，总装机容量为 360MW，灌溉面积为 10.2 万公顷。

该工程于 1978 年动工，1982 年 10 月竣工，是东南亚第一个大型多用途大坝，该大坝是由世界银行资助的马加特河多用途项目（MRMP）的一部分，其目的是改善现有的马加特河灌溉系统（MARIS），并将卡加延河流域的水稻产量增加三倍。

大坝和水库的经营、管理权由国家灌溉管理局（NIA）拥有，而水力发电站原为国家电力公司（NPC）所有。但根据 2001 年出台的《电力改革法案》，马加特水电站进行了私有化，该工厂的所有权和运营权均转交给了 SN Aboitiz Power – Magat 公司。

参考文献

［1］维基百科. 菲律宾［EB/OL］.（2017 – 01 – 11）［2017 – 04 – 17］. https：// zh. wikipedia. org/zh/% E8% 8F% B2% E5% BE% 8B% E5% AE% BE.

［2］马燕冰，黄莺. 列国志——菲律宾［M］. 北京：社会科学文献出版社，2007.

［3］中华人民共和国外交部. 马来西亚国家概况［EB/OL］.（2017 – 01 – 30）［2017 – 04 – 06］. www. fmprc. gov. cn/web/gjhdq_676201/gj_676203/yz_676205/1206_676716/.

［4］ 百度百科．菲律宾［EB/OL］．（2017 - 01 - 30） ［2017 - 04 - 27］．http：//baike. baidu. com/link? url = vB - TBBCj516PcQXNaJwQspbj7jersyalQTDMSkQ_E4VptKzR1BwMApF - SkD4PZhiHZd27yfpvjYbZx1wHzsa7_DG6O5DGgKNbrX - Ahtz94r_yfipGTUrQ4gAltiWKUiU#7.

［5］ 胡才．当代菲律宾［M］．成都：四川人民出版社，1994.

［6］ Peaklist. Philippines mountains［EB/OL］．（2016 - 01 - 22） ［2017 - 04 - 23］．http：//www. peaklist. org/WWlists/ultras/philippines. html.

［7］ 申韬，缪慧星．菲律宾经济社会地理［M］．广州：世界图书出版广东有限公司，2014.

［8］ 李涛，陈丙先．菲律宾概论［M］．广州：世界图书出版广东有限公司，2012.

［9］ 维基百科. 1993 年太平洋台风季［EB/OL］．（2017 - 04 - 19）［2017 - 04 - 25］．https：//zh. wikipedia. org/wiki/1993% E5% B9% B4% E5% A4% AA% E5% B9% B3% E6% B4% 8B% E9% A2% B1% E9% A2% A8% E5% AD% A3.

［10］ 世界银行. Average monthly temperature and rainfall for Vietnam from 1901 - 2015［EB/OL］．（2017 - 01 - 04）［2017 - 06 - 07］．http：//sdwebx. worldbank. org/climate-portal/index. cfm? page = country_historical_climate&ThisCCode = VNM.

［11］ NH B. IPCC default soil classes derived from the Harmonized World Soil Data Base（Ver. 1. 1）. Report 2009/02b［R］. Wageningen：Carbon Benefits Project（CBP）and IS-RIC - World Soil Information，2010.

［12］ Board N S C. Provincial summary：number of provinces, cities, municipalities and barangays, by region［EB/OL］．（2015 - 03 - 31）［2017 - 04 - 11］．http：//www. nscb. gov. ph/activestats/psgc/PSA - MAKATI_PSGC_SUMMARY_Mar2015. pdf.

［13］ 星岛环球网．菲律宾最具竞争力城市排名［EB/OL］．（2008 - 07 - 06）［2017 - 03 - 14］．http：//www. stnn. cc/pacific_asia/200807/t20080706_808146. html.

［14］ 维基百科. List of cities in the Philippines［EB/OL］．（2016 - 11 - 30）［2017 - 05 - 02］．https：//en. wikipedia. org/wiki/List_of_cities_in_the_Philippines.

［15］ 百度百科．达沃市［EB/OL］．（2016 - 12 - 30） ［2017 - 05 - 02］．ht-tp：//baike. baidu. com/link? url = N_TKUyx29b4gMKVkOWHpVm1f - RLhIOmjfISiww1m8XfZkryC51nqSJlipH7JiBzOPtLPWkcP3q22e1iUUPE - JEDI4Kc2Yzzi - GpLpxYgWaQCs - 0O2Ujc9ieJ9uLkXzWU.

［16］ 维基百科. List of rivers of the Philippines［EB/OL］．（2017 - 05 - 30）［2017 - 05 - 21］．https：//en. wikipedia. org/wiki/List_of_rivers_of_the_Philippines.

［17］ 维基百科. Pampanga river［EB/OL］．（2017 - 01 - 25）［2017 - 05 - 11］．https：//en. wikipedia. org/wiki/Pampanga_River.

［18］ OTIENO A J. Scenario study for flood hazard assessment in the Lower Bicol Flood-plain：the Philippines using a 2D flood model［R］. The Netherlands：International Institute for Geo - Information Science and Earth Observation，2004.

［19］ ORG W A. Water facilities ［EB/OL］. （2008 － 04 － 05） ［2017 － 05 － 13］. https：//web. archive. org/web/20080405181929/http：//www. geocities. com/dost6/iloilo/ waterfacilities. html.

［20］ ALMADEN C C R. A case study on the socio-economic conditions of the artisanal fisheries in the Cagayan De Oro River ［J］. International journal of social ecology and sustainable development （IJSESD）, 2017, 2 （8）.

［21］ Government C. Statement re marawi situation from cdo mayor oscar moreno ［EB/ OL］. （2017 － 03 － 21） ［2017 － 05 － 23］. http：//www. cagayandeoro. gov. ph/? page = tourism&cat = 8.

［22］ WINGARD J, BRANDLIN A. Philippines：a country prone to natural disasters ［EB/OL］. （2014 － 03 － 30） ［2017 － 04 － 21］. http：//www. dw. com/en/philippines － a － country － prone － to － natural. . . /a － 17217404.

［23］ 陈思羽. 菲律宾自然灾害研究及抗灾能力脆弱原因分析 ［J］. 中国应急救 援, 2015 （1）.

［24］ BUREAU M A G. Philippines disaster management reference handbook 2015 ［R］. Honolulu：Center for Excellence in Disaster Management and Humanitarian Assistance, 2015.

［25］ EM － DAT. Flood disaster in Philippines ［EB/OL］. （2017 － 02 － 13）［2017 － 04 － 13］. http：//www. emdat. be/.

第 5 章　泰国

5.1　国家简介

泰国（Thailand），全称为泰王国（the Kingdom of Thailand），旧称暹罗（Siam），是东南亚的一个君主立宪制国家。泰国位于中南半岛中部，东部与柬埔寨相邻，东南毗邻太平洋泰国湾，南连马来西亚，西南连印度洋安达曼海，西北部和北部为缅甸。国土面积 513.12 平方千米，人口6 795万（2015 年）[1]。泰国全国有 30 多个民族，主体民族为泰族，居民大多信仰佛教，佛教徒占全国人口的90%以上。泰国首都为曼谷。

泰国主要矿产资源有钾、锡、油页岩、天然气、锌、铅、钨、铁、锑、铬等，其中钾盐的储量为4 000亿吨，居世界第一位；锡的储量约120万吨，约占世界总储量的12%。天然气储量约365亿立方米，石油储量约1 500万吨，油页岩储量约187 万吨[2]。

泰国古称暹罗，历史上第一个信史可考的王朝为 1238 年建立的素可泰王朝，其都城位于今泰国北部的素可泰（Sukhothai）附近。而后历经阿瑜陀耶王朝（1350—1767）、吞武里王朝（1768—1782）和曼谷王朝（1782—　）。从 16 世纪开始，暹罗先后遭到葡萄牙、荷兰、英国和法国等西方殖民者的入侵。19 世纪末，拉玛五世朱拉隆功废除奴隶制，学习西方进行社会改革，为现代泰国社会的发展奠定了基础[3]。1896 年，英、法两国就东南亚的殖民地分割达成妥协，间接使暹罗保持了国家独立。1932年，拉玛七世当政时期，暹罗由君主专制转变为君主立宪政体。1949 年暹罗正式更名为"泰国"，意为"自由之地"，泰国人引以为豪的是，泰国是东南亚唯一没有沦为殖民地的国家[4]。

政治上，泰国实行君主立宪制，国王是国家元首及象征。然而，自1932 年以来，宪法的废立、政党制度的变化、政变的频繁发生和军人政权的长期执政使泰国的政治发展之路并不平坦。泰国宪法（2007 年宪法）规定，泰国国王通过国会行使立法权，与内阁、法院一同构成泰国的三权分立体制[5]。

经济上，泰国是东南亚仅次于印度尼西亚的第二大经济体，被认为是一个新兴的工业化国家，实行自由经济政策，较为依赖外部市场。2015 年泰国 GDP 为 3 951.7 亿美元，工业和服务业是其主要支柱行业，两者合占整体的 39.2%，其他重要行业包括贸易（占 13.4%）、物流及通信（9.8%）、农业（8.4%）和建筑及采矿（4.3%）。近年来，电信和新型服务贸易业成为泰国经济竞争力的重要行业[6]。

泰国是东南亚国家联盟的创始国之一，同时也是亚太经济合作组织、世界贸易组织和亚欧会议的成员国。

5.1.1　自然地理

泰国地处北纬 5°37′~20°27′，东经 97°22′~105°37′，国土形态北宽南窄，边境线总长为 7 941 千米，其中陆地边境线 5 326 千米，海岸线 2 615 千米。国内地形复杂多样，有山岭、峡谷、海洋、高原、平原、湿地等多种地形，其中大部分为低缓的高原及山地。地势北高南低，大致可以分为东部、东北部、北部、中部、西部和南部六个部分。

泰国民众一般习惯将泰国的国家形状比作大象头部，北部是"象冠"，东北地区代表"象耳"，中部的泰国湾代表"象口"，整个南部狭长地带则为"象鼻"[7]。

5.1.1.1　地形

泰国东部地区以平原地形为主，沿海有部分石滩和沼泽地。东北部地区是呵叻高原（Khorat Plateau），夏季干旱，土质疏松，不易种植农作物，夏季常常发生旱灾。中部地区大部分是平原，属湄南河流域，地势由北自南逐渐变缓，土地肥沃，河网密布，适宜种植水稻，是泰国主要的农作物产地。在曼谷以南的泰国湾有大片红树林，涨潮时没入水中，退潮后形成大片沼泽地[8]。西部和北部地区为山区，喜马拉雅山脉的延伸——他念他翁山脉（Tenasserim Chain）沿着泰国北部顺延而下，而后经过泰国西部，其中位于清迈府的因他暖山（Doi Inthanon）海拔 2 580 米，是泰国第一高峰。南部地区则是伸入海洋的半岛地区，最窄处称为克拉地峡（Kra Isthmus），向南形成马来半岛。其西边山地是泰国西部地区山脉的延伸，东边为沿海平原，沙滩众多，日照充足。

5.1.1.2 气候

泰国全国处于北回归线和赤道之间的热带地区，大部分地区属于热带季风气候，终年高温，干湿季明显，季风影响显著。全年可分为三个季节，包括凉季（10 月中旬—次年 2 月中旬）、热季（2 月中旬—5 月中旬）和雨季（5 月中旬—10 月中旬）。泰国多年平均气温为 26.3℃，多年平均降水量为 1 542 毫米。最高月平均气温出现在 4 月，为 28.9℃；最低月平均气温出现在 12 月，为 22.9℃。最大月降水量出现在 9 月，为 264.3 毫米；最小月降水量出现在 1 月，为 16.1 毫米。

泰国的气温和降水受地形和地理位置的影响，呈现出一定的差异性。季风吹过的地区普遍降水量较大，年平均降水量可达到 3 000 毫米。从地理分布上而言，泰国西部和北部高山遍布，且远离赤道，其年平均气温和降水量都要比其他地区低一些。东北部远离海洋，地形以高原为主，热季和凉季的温差非常大，且由于焚风效应，其雨量比中部湄南河流域少约三分之一，对水稻种植不利。中部地区全年炎热，凉季持续时间较短。南部地区属于海洋性气候，热季和凉季的温差不大，雨期较长，平均降水量也较大。泰国多年平均气温及降水量如图 5-1 所示：

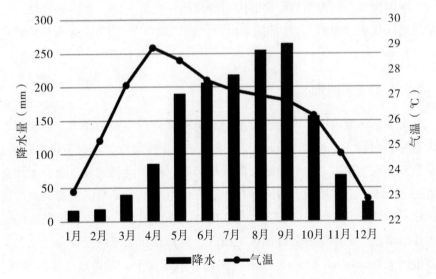

图 5-1　泰国多年平均气温及降水量（1900—2017 年）

（资料来源：世界银行）

5.1.1.3 地表覆盖与植被状况

据统计，面积占国土总面积 1% 以上的地表覆盖类型有农业镶嵌林、常绿阔叶林、热带多树草原、农田和永久湿地，其比例分别为 51.9%、19.3%、14.6%、9.2% 和 1.73%。

泰国历史上曾是森林资源丰富的国家，在 20 世纪初其森林覆盖率一度高达 75%。然而随着国家的发展和高度城市化，大规模的商业采伐和城市建设，使泰国的森林覆盖率一直不断下降，1995 年全国森林覆盖率仅为 22.8%。21 世纪以来，泰国政府开始重视保护和恢复森林资源，严格控制树木的砍伐，使森林覆盖率有所恢复。泰国植被类型可分为常叶林和落叶林两类，常叶林包括热带常绿林、沼泽林、海滩林和针叶林四个亚类，广泛地分布在泰国各地。落叶林包括混交落叶林、稀树草原林和落叶龙脑香林三个亚类，主要分布于泰国北部、东北部等较为干旱的地区[5]。

5.1.1.4 土壤类型

按照联合国政府间气候变化专门委员会的一般土壤分类标准[9]，泰国主要土壤类型包括低活性黏土、高活性黏土、有机土、沙质土、湿地土壤和水体，占国土面积的百分比分别为 78.40%、15.06%、0.09%、0.26%、5.73% 和 0.46%。

5.1.2 行政区划

泰国的行政区划分为府、县、区、村四级。目前一级行政区共有 77 个，其中包括 76 个府，和 1 个直辖市——首都曼谷。府是泰国最大的地方行政区划，由中央政府管辖，其行政机构是府公署，最高行政长官一般称为"府尹"，由中央政府的内政部任命。府以下为县，县长也由内政部直接任命，负责管理本县事务。县以下为区，区以下为行政村，区长和村长都由选举产生。泰国一级行政区划及统计数据如图 5 - 2 和表 5 - 1 所示：

图 5-2 泰国一级行政区划图

表 5-1　泰国一级行政区划统计数据

地区	编号	省份名称	中文译名	人口 (2010 年)	面积 (平方千米)	首府城镇
东北部	1	Amnat Charoen	安纳乍能府	283 732	3 161	安纳乍能
	4	Bueng Kan	汶干府	362 755		汶干
	5	Buri Ram	武里南府	1 274 921	10 323	武里南
	8	Chaiyaphum	猜也奔府	963 907	12 778	猜也奔
	14	Kalasin	加拉信府	824 538	6 947	加拉信
	17	Khon Kaen	孔敬府	1 741 980	10 886	孔敬市
	21	Loei	黎府	546 028	11 425	黎
	24	Maha Sarakham	玛哈沙拉堪府	827 639	5 292	玛哈沙拉堪
	25	Mukdahan	莫达汉府	357 339	4 340	莫达汉
	28	Nakhon Phanom	那空帕农府	583 726	5 513	那空帕农
	29	Nakhon Ratchasima	呵叻府	2 525 975	20 494	呵叻市
	34	Nong Bua Lamphu	廊磨喃蒲府	485 974	3 859	廊磨喃蒲
	35	Nong Khai	廊开府	458 772	7 332	廊开
	54	Roi Et	黎逸府	1 084 985	8 299	黎逸
	56	Sakon Nakhon	色军府 (沙功那空)	941 810	9 606	色军 (沙功那空)
	62	Si Saket	四色菊府	1 005 980	8 840	四色菊
	68	Surin	素辇府	1 122 900	8 124	素辇
	72	Ubon Ratchathani	乌汶府	1 746 790	15 745	乌汶市
	73	Udon Thani	乌隆府	1 288 365	11 730	乌隆市
	77	Yasothon	益梭通府	487 976	4 162	益梭通
东部	6	Chachoengsao	北柳府(差春骚)	715 603	5 351	北柳(差春骚)
	9	Chanthaburi	尖竹汶府 (庄他武里)	485 611	6 338	尖竹汶 (庄他武里)
	12	Chonburi	春武里府 (万佛岁)	1 555 358	4 363	春武里
	49	Prachinburi	巴真府	546 996	4 762	巴真
	53	Rayong	罗勇府	821 072	3 552	罗勇市
	55	Sa Kaeo	沙缴府	555 961	7 195	沙缴
	71	Trat	达叻府	247 876	2 819	达叻

（续上表）

地区	编号	省份名称	中文译名	人口 （2010 年）	面积 （平方千米）	首府城镇
南部	13	Chumphon	春蓬府（尖喷）	467 801	6 009	春蓬
	18	Krabi	甲米府（喀比府）	362 203	4 709	甲米
	31	Nakhon Si Thammarat	洛坤府 （那空是塔玛叻）	1 450 466	9 943	洛坤市
	33	Narathiwat	陶公府 （那拉提瓦）	670 002	4 475	陶公 （那拉提瓦）
	38	Pattani	北大年府	609 015	1 940	北大年
	39	Phang Nga	攀牙府	258 535	4 171	攀牙
	40	Phatthalung	博达伦府	480 976	3 425	博达伦
	48	Phuket	普吉府	525 709	543	普吉市
	51	Ranong	拉农府	249 017	3 298	拉农
	61	Satun	沙敦府	274 863	2 479	沙敦
	64	Songkhla	宋卡府	1 481 021	7 394	宋卡市
	67	Surat Thani	素叻府	1 009 351	12 892	素叻市
	70	Trang	董里府	598 877	4 918	董里市
	76	Yala	也拉府	433 167	4 521	也拉市
西部及北部	10	Chiang Mai	清迈府	1 737 041	20 107	清迈市
	11	Chiang Rai	清莱府	1 172 928	11 678	清莱市
	15	Kamphaeng Phet	甘烹碧府	797 391	8 608	甘烹碧
	19	Lampang	南邦府	743 143	12 534	南邦市
	20	Lamphun	南奔府	412 741	4 506	南奔
	23	Mae Hong Son	夜丰颂府	209 153	12 681	夜丰颂
	30	Nakhon Sawan	北榄坡府 （那空沙旺）	992 749	9 598	北榄坡市 （那空沙旺）
	32	Nan	难府	452 814	11 472	难
	41	Phayao	帕尧府	417 380	6 335	帕尧
	42	Phetchabun	碧差汶府	940 076	12 668	碧差汶
	44	Phichit	披集府	548 242	4 531	披集
	45	Phitsanulok	彭世洛府	912 827	10 816	彭世洛市
	47	Phrae	帕府	427 398	6 539	帕
	65	Sukhothai	素可泰府	629 707	6 596	新素可泰
	69	Tak	达府	526 382	16 407	达
	74	Uthai Thani	乌泰他尼府 （色梗港）	297 493	6 730	乌泰他尼 （色梗港）
	75	Uttaradit	程逸府 （乌达拉迪）	438 578	7 839	程逸 （乌达拉迪）

（续上表）

地区	编号	省份名称	中文译名	人口 （2010年）	面积 （平方千米）	首府城镇
中部	2	Ang Thong	红统府	254 292	968	红统
	3	Bangkok	曼谷直辖市 （估叻妈蛤那空）	8 305 218	1 569	曼谷市
	7	Chainat	猜那府	305 587	2 470	猜那
	16	Kanchanaburi	北碧府 （干乍那武里）	801 519	19 483	北碧 （干乍那武里）
	22	Lopburi	华富里府	769 925	6 200	华富里
	26	Nakhon Nayok	那空那育府 （坤西育）	246 868	2 122	那空那育
	27	Nakhon Pathom	佛统府 （那坤巴统）	943 892	2 168	佛统市 （那坤巴统）
	36	Nonthaburi	暖武里府	1 334 083	622	暖武里市
	37	Pathum Thani	巴吞他尼府	1 327 147	1 526	巴吞他尼
	43	Phetchaburi	佛丕府（碧武里）	472 589	6 225	佛丕（碧武里）
	46	Phra Nakhon Si Ayutthaya	大城府 （阿育他亚）	870 671	2 557	大城市 （阿育他亚）
	50	Prachuap Khiri Khan	巴蜀府	467 466	6 368	巴蜀
	52	Ratchaburi	叻丕府	796 748	5 197	叻丕
	57	Samut Prakan	北榄府 （沙没巴干）	1 828 694	1 004	北揽市 （沙没巴干）
	58	Samut Sakhon	龙仔厝府 （沙没沙空）	887 191	872	龙仔厝市 （沙没沙空）
	59	Samut Songkhram	夜功府 （沙没颂堪）	185 564	417	夜功 （沙没颂堪）
	60	Saraburi	北标府 （沙拉武里）	717 054	3 577	北标 （沙拉武里）
	63	Singburi	信武里府	199 982	823	信武里
	66	Suphanburi	素攀武里府	845 561	5 358	素攀武里

［资料来源：泰国统计局（National Statistical Office of Thailand）］

5.1.3 重要城市

泰国大约有 50% 的人口生活在城市中,除了首都曼谷外,其余城市的人口相对较少。截至 2017 年,泰国超过 100 万人以上规模的大城市有 1 座,人口在 10 万~100 万的城市有 19 座,大部分人口都在 30 万以下[10]。不过,在部分城市的周围,多个卫星城市共同组成了都会区,除首都曼谷外,泰国国内较大的都会区还有芭堤雅、清迈、合艾、呵叻等。泰国部分重要城市简况如表 5-2 所示:

表 5-2 泰国部分重要城市简况

编号	城市	中文译名	人口(2015 年)	所属省份
1	Bangkok	曼谷	5 782 159	曼谷直辖市
2	Nonthaburi	暖武里	270 609	暖武里府
3	Nakhon Ratchasima	呵叻	174 332	呵叻府
4	Chiang Mai	清迈	174 235	清迈府
5	Hat Yai	合艾	157 467	宋卡府
6	Udon Thani	乌隆他尼	155 339	乌隆他尼府
7	Pak Kret	北革	152 881	暖武里府
8	Khon Kaen	孔敬	129 581	孔敬府
9	Chaophraya Surasak	昭披耶	109 983	春武里府
10	Ubon Ratchathani	乌汶叻差他尼	105 081	乌汶府
11	Nakhon Si Thammarat	洛坤	104 712	洛坤府

5.1.3.1 曼谷(Bangkok)

曼谷位于湄南河流域下游的平原,临近泰国湾,是泰国的首都与政治、经济、文化和教育中心。人口约 510.4 万人(2017 年),城市面积 1 568.7 平方千米。湄南河从城市中心穿流而过,将曼谷市分为东西两部分约 50 个市区,其中西岸称为"吞武里",有 15 个市区;东岸称为"帕那空",有 35 个市区。曼谷和周围几个省份组成的曼谷都会区,面积约 7 761 平方千米,人口超过 1 000 万,是泰国最重要的城市区。

2010 年，曼谷市的 GDP 为 3.1 万亿泰铢（约合 983.4 亿美元），占当年泰国 GDP 的 29.1%。曼谷都会区 GDP 约为 4.8 万亿泰铢（约合 1 493.9 亿美元），相当于全国 GDP 的 44.2%。其人均 GDP 为 14 301 美元，是泰国平均水平的 3 倍。金融业、旅游业和工商业是曼谷重要的经济支柱。金融业方面，至 2012 年，泰国国内有 536 家上市公司在曼谷的交易所上市，总资本约 10 亿泰铢[11]（约合 3 千亿美元）。曼谷已成为泰国乃至整个东南亚的金融中心，1997 年泰国的经济疲软是亚洲金融危机的导火索，泰国也因此成为损失最为严重的国家之一。旅游业方面，泰国一年接待全球约 1 500 万旅客，并在 2013 年超越英国伦敦成为全球最受游客欢迎的旅游城市[12]。工商业方面，泰国拥有大量纺织、碾米、制糖和建筑材料的工厂，同时国内约有 90% 的外贸出口货物通过曼谷港。

曼谷地处流域下游的平原区，市内河网密布，发达的水系一方面为泰国提供了良好的水上交通运输条件，使曼谷享有"东方威尼斯"的美誉；另一方面也为泰国带来了洪水灾害的隐患。由于平均海拔仅为 2 米[12]，市内低地和平原密布，这使曼谷在雨季常常面临洪水的困扰，在大雨过后，街道上常常出现积水。2011 年发生的特大洪水淹没了曼谷北部、东部及西部的大部分地区。本次洪灾造成 708 人死亡，部分地区被洪水浸泡超过两个月[13]。

5.1.3.2 芭堤雅（Phattaya）

芭堤雅位于泰国湾的东海岸，距离泰国首都曼谷约 100 千米，属于春武里府。城市面积约 22.2 平方千米，常住人口 10.7 万人（2010 年）。芭堤雅市是泰国重要的旅游城市，人口受季节影响波动性很大，旅游旺季时人口至少为淡季时的三倍以上。

芭堤雅素有"东方夏威夷"之称，支柱产业为旅游业。2012 年接待全球游客超过 1 200 万人次，收入外汇折合约 70 亿泰铢。芭堤雅也是芭堤雅—春武里府大都会区的中心，该都会区面积约 203 平方千米，人口约为 110 万，是泰国的第二大都会区。

5.1.3.3 清迈（Chiang Mai）

清迈市位于泰国北部的平河流域，距离首都曼谷约 700 千米，是清迈府的首府，也是整个泰国北部的政治、经济和文化中心。城市面积 40.2 平方千米，人口约 20 万人（2017 年）。清迈市与周围的卫星城市形成了清迈都会区，面积 2 905 平方千米，人口约 96 万人。

清迈市处于海拔高度约 310 米的盆地上，气候宜人，重要经济行业有制造业和旅游业，主要产品包括纺织品、烟叶、稻米等。清迈市建于公元 1296 年，是泰国有名的古都，市内众多人文古迹吸引了全世界游客的到来。

5.1.3.4　合艾（Hat Yai）

合艾位于泰国南部和马来西亚交界的边境地带，距离首都曼谷直线距离约 750 千米，属于宋卡府。面积 20.5 平方千米，人口 19.2 万人（2017年）。合艾是泰国南部的商业中心及交通枢纽，最近 10 年的发展非常迅速，已在合艾周围形成了一个人口约 80 万人的都会区。

旅游观光业是合艾主要的经济产业，市内拥有多家大型购物商场和娱乐场所。此外，由于合艾是泰国南部主要交通中转站，因此其国际铁路和航线都较为发达，这点也是吸引国际游客的重要原因。

5.2　河流水系

5.2.1　概述

泰国境内有 25 个流域，254 个子流域，大小河流 60 余条[5]，雨水是泰国河流的主要补给来源。湄南河水系、湄公河水系和麦功河流域是泰国国内的三大主要水系，其流域面积占泰国国土总面积约 65%。萨尔温江在泰国境内也有部分支流。此外，还有少数小河经过缅甸流入安达曼海，由于这部分河流数量较少，流域面积较小，一般不作为单独水系进行考虑。泰国主要河流水系及相关信息如图 5-3 和表 5-3 所示：

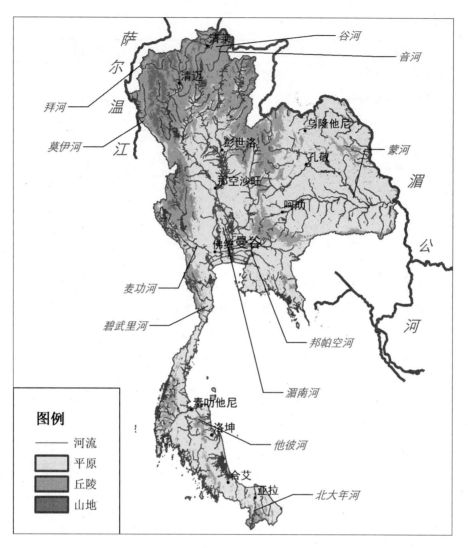

图 5-3 泰国主要河流水系图

表 5-3 泰国部分重要河流

河流名称	中文译名	河长（千米）	流域面积（平方千米）
Chao Phraya River	湄南河	372	160 000
Mun River	蒙河	673	82 000
Kok River	谷河	285	10 875
Ing River	音河	300	5 000
Mae Klong River	麦功河	145	—
Pattani River	北大年河	214	—

（续上表）

河流名称	中文译名	河长（千米）	流域面积（平方千米）
Phetchaburi River	碧武里河	210	—
Bang Pakong River	邦帕空河	220	16 000
Tapi River	他彼河	230	5 460
Moei River	莫伊河	327	—
Pai River	拜河	180	—

5.2.2　湄南河水系

湄南河，也译作"昭披耶河"，是泰国第一大河。发源于泰国北部的掸邦高原（Shan Plateau），上游两条主要支流平河和难河在那空沙旺（Pak Nam Pho）附近汇合后，开始称为湄南河。汇合不久后右岸分出他钦河（Tha Chin River），与干流并行，最终向南注入泰国湾。湄南河水系的主要支流包括汪河（Wang River）、平河、永河（Yom River）、难河、撒该甘河（Sakae Krang River）、他钦河和帕萨河（Pa sak River）等。流域内重要城市包括清迈、那空沙旺、阿瑜陀耶、曼谷等。

湄南河整体流域面积约16万平方千米，占泰国国土面积约35%。从那空沙旺至河口的河长为372千米，平均年径流量718立方米/秒，最大年径流量为5 960立方米/秒。其河名"昭披耶"是泰国封建时代最高爵位（相当于公爵），因此湄南河在泰语中意为"大河"，显示出泰国人民对它独有的热爱。

湄南河的水量主要依靠降水补给，受西南季风影响，6月至9月的雨季为汛期。湄南河流域地势北高南低，北部流经山地和高原，中部为宽阔的河谷地，南部则是河网密布的湄南河三角洲。

泰国北部和西部是连绵不断的山区，湄南河水系上游的几条主要支流，如汪河、平河、永河和难河，都穿行于群山之中。河流流经山间谷地，长期的冲积作用形成了肥沃的山间盆地，如清迈盆地、南邦盆地、难府盆地等。这种相对较小的平原，因地形平坦和灌溉便利，是泰国北部经济发展的中心地带，例如泰国北部最大的稻谷集散地——清迈，就位于清迈盆地内。

那空沙旺以下约40公里处的猜纳（Chai Nat）附近，湄南河分出支流他钦河，两河间地带水网交错，形成了约 5 万平方千米的广阔冲积平原——湄南河三角洲，这里雨量充沛，土壤肥沃，适宜耕种，目前已成为泰国人口最为稠密和经济最发达的地区。

5.2.2.1　平河

平河是湄南河上游的主要支流之一，发源于清迈府清道（Chiang Dao）附近海拔 1 700 米的山区，在那空沙旺附近与难河汇合，形成湄南河干流河道。从源头到那空沙旺河段的河长约 658 千米，年平均流量约 265 立方米/秒，流域面积 44 688 平方千米，是湄南河流域内面积最大的子流域。

平河的支流汪河，是平河流域最大的一级支流，发源于清莱府辖内的山区，自北向南，在达府辖内与平河汇流。从源头到河口的长度为 392 千米，流域面积 10 794 平方千米，年平均流量 52 立方米/秒。

平河境内的重要城市包括清迈、沙拉披（Saraphi）和圣赛（San Sai），主要水利工程有普密蓬大坝（Bhumibol Dam）和斗涛大坝（Doi Tao Dam）。

5.2.2.2　难河

难河也是湄南河上游两条主要支流之一，发源于楠府辖内海拔 1 240 米的山区，自北向南而流，最终在那空沙旺与平河汇流，形成湄南河的干流河段。从源头到河口的河长为 740 千米，流域面积 57 947 平方千米，年平均径流量为 472 立方米/秒，最大年径流量为 1 522 立方米/秒，流域内水利工程有纳腊萱大坝（Naresuan Dam），该水坝是彭世洛府（Phitsanulok）灌溉工程的一部分。

难河最大的一级支流永河，发源于北部帕夭府辖内海拔约 350 米的丘陵地区，在那空沙旺府的春盛区（Chum Saeng District）注入难河。永河从源头到河口的长度约 780 千米，流域面积 24 047 平方千米，年平均径流量为 103 立方米/秒。流域内有两座小型水坝。

5.2.2.3　撒该甘河

撒该甘河位于湄南河流域的西部，发源于甘烹碧府的孟旺国家公园（Mae Wong National Park），自西北向东南，在乌泰他尼市（Uthai Thani City）附近汇入湄南河干流，河长 225 千米，流域面积 5 191 平方千米，主要支流包括塔萨拉河（Thap Salao River）、旺玛河（Wang Ma River）、翁河（Wong River）等。据泰国国家旅游局的报道，当地居民主要以浮箱养殖及种植棕榈为主要职业。另外，2011 年乌泰他尼市曾发生大洪水，河边的部分城区遭到洪水淹没，60 厘米的洪水持续时间超过 7 周。

5.2.2.4 他钦河

他钦河是湄南河下游的重要支流。湄南河在猜纳附近分流出一条平行于主河道的支流，最终向南在龙仔厝府（Samut Sakhon）附近注入泰国湾。该支流在不同河段有不同名称，直到入海口附近才被称为他钦河。河长约 230 千米，流域面积 13 681 平方千米。他钦河处于湄南河三角洲的核心地区，支流众多，形成发达的河网。由于近年来城市化的快速发展，大量工业及生活废水的排放使水质急剧恶化。

5.2.2.5 帕萨河

帕萨河是湄南河流域东部的一条支流，发源于黎府的碧差汶山脉（Phetchabun），大体流向为自北向南，流经华富里府东部和北标府，在大城府东北部与洛布里河（Lopburi River）汇流，于大城府的东南部汇入湄南河。河长 513 千米，流域面积 16 291 平方千米，部分支流包括洛布里河、穆雷克河（Muak Lek River）、孔河（Kong River）、那河（Na River）等。

5.2.3 湄公河水系

湄公河（Mekong River）是发源于中国唐古拉山的一条国际河流，也是东南亚的第一大河，在中国境内的部分叫澜沧江（Lancang Jiang），进入东南亚后的河段称为湄公河，先后流经中国、老挝、缅甸、泰国、柬埔寨和越南 6 个国家。湄公河流出中国境内后，其干流的部分河段作为东南亚国家间的界河，如老挝与缅甸的界河长 234 千米，老挝与泰国的界河长 976.3 千米。湄公河在泰国境内较大的支流包括蒙河、谷河。

5.2.3.1 蒙河

蒙河位于泰国东北部的呵叻高原上，发源于海拔 530 米的桑坎彭（Sankamphaeng）山脉，是泰国东北部最大的河流。大致流向为从西向东，最终在老挝巴色市上游约 30 千米处注入湄公河干流。河长 673 千米，流域面积 8.2 万平方千米，雨季时最大通航距离可至乌汶府。蒙河北岸的栖河（Chi River）是蒙河最大的支流，此外其他重要支流还包括同奈河（Dom Noi River）和兰塔孔河（Lam Takhong River）。

5.2.3.2　谷河

谷河位于泰国北部，发源于缅甸掸邦，向东越过缅泰边界后，流经泰国的清迈府和清莱府，而后折向东北方，在老挝和泰国的边境地区汇入湄公河。谷河河流长度为 285 千米，流域面积 10 875 平方千米，年均径流量为 120 立方米/秒。谷河的主要支流有方河（Fang River）和老河（Lao River），流域内最大的城市为清莱（Chiang Rai），在市区附近有 5 座较大的桥梁。

5.2.3.3　音河

音河是湄公河在泰国北部的一条支流。发源于帕夭府中部的山地，自南向北，于老挝会晒附近注入湄公河。河流长度约 300 千米，流域面积约 5 000 平方千米。音河流域内有数百个小型水库或池塘，以应对季节变化所引起的水量丰枯变化。

5.2.4　泰国湾水系

泰国湾水系由一系列最终流入泰国湾的河流组成，这些河流分布在泰国的东部、中部或位于马来半岛，大部分是独立河流。这些河流数量众多，大部分都不大，其中比较重要的河流有麦功河、北大年河、碧武里河、邦帕空河和他彼河。除了湄南河水系外，泰国湾水系是泰国第二重要的水系。

5.2.4.1　麦功河

麦功河位于泰国的西部，由上游奎内河（Khwae Noi River）及奎耀河（Khwae Yai River）两条河流在北碧附近汇合而成，而后向东南流经叻丕府后注入泰国湾。河长 145 千米，流域内河网密布，是泰国有名的渔业区，下游受潮汐作用影响严重。

5.2.4.2　北大年河

北大年河是泰国南部靠近马来半岛的一条河流，发源于惹拉府南部的山区，自南向北在北大年附近注入泰国湾。河长 214 千米，河流上游有邦朗水库（Bang Lang Reservoir）。

5.2.4.3　碧武里河

碧武里河位于佛丕府，发源于他念他翁山脉在泰国南部的余脉，自西向东注入泰国湾。河长 210 千米，大部分流域面积都在佛丕府内。

5.2.4.4　邦帕空河

邦帕空河位于泰国东部，由那空那育河（Nakhon Nayok River）和巴真河（Prachin Buri River）于北柳府和巴真府的边界汇流形成。河长约 220 千米，流域面积约 1.6 万平方千米。

5.2.4.5　他彼河

他彼河发源于泰国南部洛坤府的考銮山（Khao Luang Mountain），而后向西南、西北方向流，最后向北，在素叻他尼附近汇合来自北面的普姆当河（Phumduang）后注入泰国湾。他彼河是泰国南部地区最长的河流，河长 230 千米，流域面积 5 460 平方千米。

5.2.5　萨尔温江水系

萨尔温江发源于中国西藏自治区，流经云南省后进入缅甸境内，在中国境内被称为怒江（Nu Jiang）。经过缅甸和泰国后，最终注入安达曼海。全长 2 815 千米，流域面积 32.4 万平方千米。在泰国境内的主要支流有莫伊河（Moei River）和拜河（Pai River）。

5.2.5.1　莫伊河

莫伊河位于泰国西部，是缅甸与泰国的界河。发源于泰国来兴府辖内的山区，与泰国大多数河流的流向不同，莫伊河大体向西北方向流淌，在湄宏顺府汇入萨尔温江。河长 327 千米。在汇入萨尔温江的河口上游约 7 千米处，莫伊河与其最大支流玉河（Yuam River）汇合。

5.2.5.2　拜河

拜河发源于湄宏顺府拜县海拔 1 170 米的群山之间，首先从北向南，而后折向西，穿过泰缅边境，在缅甸的克耶邦注入萨尔温江。河长 180 千米，流域内多山，被大片森林覆盖。

5.3　洪涝灾害

5.3.1　洪涝灾害及损失情况

表 5 - 4 为从 EM - DAT 世界灾难数据库中提取的泰国 1970 年至 2017 年受到自然灾害损失的情况。据统计结果分析，洪水灾害的发生次数占自然灾害总数的 59%，位居第一；死亡人数占 30%，仅次于海啸及地震；受灾人数占 62%，位居第一；经济损失占 89%，也位居第一。可以看出，洪水灾害是近 40 年来对泰国影响最大的自然灾害。

时间尺度上，自 1970 年来，泰国历史上发生过损失严重的洪水的年份和详细信息如表 5 - 5 所示。随着泰国城市化进程的加快，洪水灾害发生的频率和损失也在逐渐升高和加大。在 2000 年以前，损失严重的洪水灾害平均 2 年至 3 年发生一次。2000 年以后，每年都会发生多次洪水灾害，经济损失也更为巨大。

表 5 - 4　泰国自然灾害损失（1970—2017 年）

灾害种类	发生次数	死亡人数	受灾人数	经济损失（亿美元）
干旱	11	0	29 982 602	37.243
海啸及地震	4	8 347	84 546	10.62
寒潮	2	77	1 000 000	—
洪水	75	4 008	57 746 114	463.944 1
山体滑坡	3	47	43 110	—
台风及雷暴	32	945	4 237 503	8.920 39

（资料来源：EM - DAT[14]）

表 5 - 5　泰国洪水灾害损失（1975—2017 年部分年份）

年份	发生次数	死亡人数	受伤人数	受灾人数	经济损失（万美元）
1975	1	239	93	3 000 093	4 500
1978	2	96	400	2 028 400	40 000
1980	1	57	0	630 000	5 970
1983	1	50	0	1 000 000	—

（续上表）

年份	发生次数	死亡人数	受伤人数	受灾人数	经济损失（万美元）
1984	2	17	31	786 171	40 300
1985	1	18	0	7 640	360
1986	1	42	21	27 801	200
1987	1	24	0	—	720
1988	1	664	1 878	1 114 819	16 914.6
1991	2	17	0	16 574	147.8
1993	3	41	254	889 345	198 095
1994	3	102	3	171 257	26 800
1995	1	231	0	4 280 984	14 050
1996	1	91	0	5 000 000	50
1997	1	14	0	—	—
1999	6	22	0	283 762	1 326.7
2000	4	107	570	3 323 801	10 905.6
2001	6	222	139	470 379	2 850
2002	2	154	62	3 290 920	3 582.7
2003	3	9	0	107 700	2 640
2004	3	13	0	507 000	17 500
2005	2	76	40	819 310	21 800
2006	3	280	0	2 557 308	3 494
2007	5	53	0	183 000	150
2008	3	39	0	1 572 157	2 784.4
2009	1	15	0	200 000	—
2010	1	258	0	8 970 653	33 200
2011	2	877	0	10 216 110	4 031 700
2012	1	0	0	235 545	—
2013	3	84	0	3 515 254	57 900
2014	4	29	8	131 288	1 000
2016	3	21	0	808 843	14 500
2017	1	46	0	1 600 000	86 000

（资料来源：EM – DAT[14]）

5.3.2　2013—2016 年典型洪涝灾害

泰国 2013—2016 年发生的部分洪涝灾害如表 5-6 所示，另外也将对其中几场典型的洪水事件作出案例分析，这些案例一定程度上表现了泰国洪涝灾害的特性。

表 5-6　近年来泰国部分洪涝灾害简况

时间	发生地点	损失	主要说明
2013.07.17	泰国东部	未出现人员伤亡的报道	西南季风季节的暴雨引发山洪，达叻府和尖竹汶府受灾严重
2013.08.16	哒叻府	近 1 000 户家庭受灾	台风"天兔"引起洪水，24 小时最大降水量达 80 毫米
2013.09.25	泰国北部	9 人死亡，约 7 000 栋房屋、2 310 条道路被破坏，7 962 个村庄受灾	暴雨引起洪水，素林府和四色菊府受灾尤为严重
2013.11.25	宋卡府	5 人死亡，4 070 户家庭受灾，11 条道路和 21 座桥梁被破坏	安达曼海附近出现的低压导致暴雨，市区积水达 0.5 米
2014.01.11	那拉提瓦府	20 个村庄遭到不同程度的水淹	多日持续降水引起洪水，部分受灾村庄水深有 0.5~1 米
2014.07.22	泰国东北部 5 个府	4 000 户居民受灾	24 小时最大降水量为 80 毫米
2014.07.28	清莱府	约 40 个村庄遭到水淹	暴雨引起清莱府境内部分河流漫过堤岸，部分地区 24 小时降水量为 50~70 毫米
2014.08.20	泰国北部及东北部 20 个府	1 人失踪，50 栋房屋被破坏	大范围暴雨致洪成灾，最大 24 小时降水量为 122 毫米
2014.09.01	泰国北部 17 个府	6 人死亡，1 人失踪	清莱部分城区积水达 0.7 米

（续上表）

时间	发生地点	损失	主要说明
2014.09.03	猜也蓬府	300 栋房屋被淹没	暴雨导致赤河（Chi River）水位上涨，最高水位达到 3 米
2014.12.15	泰国南部	1 人失踪，50 个村庄的人员强制撤离	洛坤府受灾严重，合艾市的最大 24 小时降水量为 89.4 毫米
2015.06.08	曼谷	3 条非道路被水淹没，未造成伤亡	暴雨致涝，市区 5 小时内平均降水量达 100 毫米
2016.10.07	泰国中部 14 个府	3 人死亡，约 68 000 栋房屋遭到水淹	长时间大范围的暴雨使湄南河流域水位暴涨，部分小水库的泄洪加重了洪水状况
2016.12.01	泰国南部 10 个府	11 人死亡，2 人失踪，约 36 万人受灾	极端降水导致了骤发洪水，部分府的最大 24 小时降水量在 200 毫米以上

5.3.2.1　曼谷"11·07"洪水（2011 年 7 月）

2011 年 7 月泰国首都曼谷的洪涝灾害，受灾人数达 492 万，死亡 708 人，发生范围广、持续时间长，损失严重，是泰国近年来最为严重的洪水灾害事件。2011 年 5 月，受热带季风影响，泰国全境开始持续降水。7 月，中部地区多处洪水泛滥，洪水沿湄南河而下，至少造成 366 人死亡，200 万人受洪涝影响。10 月中旬，上游下来的洪水受海潮顶托作用，不能及时排泄入海，导致湄南河水位上升，达到了近 300 年来最高水位 2.29 米，沿河多个地点出现溢堤现象。11 月初，曼谷受到东、北、西三个方向的洪水威胁，约五分之一的市区发生水淹，470 个地点水深达到或超过 80 厘米，最深处达 1.5 米，主要街道的商店全部停业，超过 80 万人受灾。直到 11 月下旬，曼谷洪水才开始消退。曼谷洪水如图 5-4 所示：

图 5 - 4　曼谷洪水

（图片来源：中国新闻网）

5.3.2.2　泰国南部"17·01"洪水（2017 年 1 月）

因持续时间达 1 星期的极端降水，泰国南部约 12 个省份发生严重洪水。洛坤府、董里府、博他仑府、宋卡府等府受灾严重，其中洛坤府的最大 24 小时降水量达到 304.8 毫米。本次洪灾造成 43 人死亡，160 万人受灾，50 栋房屋受到不同程度损毁。图 5 - 5 为春蓬府街头洪水救援场景：

图 5 - 5　春蓬府街头的洪水救援

（图片来源：泰国灾害预防与救援中心）

5.3.2.3 泰国中部"14·09"洪水（2014 年 9—10 月）

从 9 月 28 日开始，清迈府发生持续强降水而引发洪水。清迈府及下游的猜纳府首先受到影响，约有 250 栋房屋受到洪水损毁，3 人失踪。强降水带 2 天后南移，使泰国的中部和南部也下起了暴雨。普吉府、曼谷和南部的宋卡府在 9 月 30 日左右开始下起暴雨，曼谷和合艾市市区多处发生积水，部分地区水深可达 0.5 米。如图 5-6 所示：

图 5-6　曼谷街道积水

（图片来源：泰国灾害预防与救援中心）

5.3.3　洪涝灾害成因

泰国的洪涝灾害，受其地形及气候的影响很大。马来半岛以北的泰国受季风影响，5 月至 7 月间湿润的西南季风开始从海上吹往陆地，给泰国的北部带来丰沛的降雨，而由于泰国在地势上是一个北高南低的国家，上游是山区和丘陵，中游及下游多低地及平原，因此上游的降水形成洪水向下游倾泻，极易形成洪涝灾害，这点在湄南河流域尤为严重。另外，泰国湾北部的湄南河三角洲附近是泰国的经济发展中心，人口密集，河网众多，城市化发展迅速，一旦发生洪水，造成的损失往往更为严重。如 1995 年和 2011 年泰国首都发生的大洪水，其主要原因是曼谷地处湄南河下游，上游洪水汇聚在曼谷，数月不退，造成了巨大损失。

泰国东北部地区则处在湄公河流域范围内，湄公河是一条大河，它的泛滥会影响到其流域的几个国家，往往造成区域性的洪水灾害，如 2014 年 8 月湄公河水位上涨，造成泰国安纳乍能府发生 30 年一遇的大洪水，数千栋房屋被冲毁，而柬埔寨的受灾更为严重，超过 180 万人受灾，死亡 168 人。另外，泰国东北部也容易受到来自中国南海的台风影响。泰国南部受海洋性气候的影响更大，雷暴等强对流天气频繁发生，极端降水致涝的可能性也相对加大。

5.4 水资源管理及灾害防治

5.4.1 灾害管理机制

泰国目前已经建立了相当完备的灾害管理体系。法律方面，最主要的防灾法案是 2007 年通过的《灾害预防与救援法》（*Disaster Prevention and Mitigation Act*），该法律规定了泰国的管理机构包括国家、府和曼谷市三个层次。在中央层面上，国家防灾减灾委员会（National Disaster Prevention and Mitigation Committee）为防灾政策制定机构，防灾减灾厅、水力资源局、资源及环境管理部、农业部、气象局等部门负责实施具体灾害管理措施。关于防灾减灾工作，比较重要的部门包括防灾减灾委员会（DNPMC）、内政部防灾减灾厅（DDPM）、国家灾害预警中心（NDWC）等。

防灾减灾委员会的主要职能是关于政策制定方面的，国家防灾减灾委员会具体负责审核国家防灾减灾计划、协调各部门间的合作、指导相关部门的防灾减灾工作及监管防灾减灾专项经费等。而地方的防灾减灾委员会则侧重于制订地方防灾减灾计划、训练救援志愿者和为地方政府提供防灾减灾建议等。

内政部防灾减灾厅承担制订防灾减灾计划的任务，还负责具体灾害执行的工作，如灾前发布预警、灾后评估和重建等。2004 年印度洋大地震后，泰国政府进一步扩大了防灾减灾厅的管理范围，不但增加了对灾害预警系统及其他技术的应用这一新职能，还获得了对国际组织灾害救援的协调权限。

国家灾害预警中心则是专门的预警机构，主要职责包括地震及海啸预测和灾害预警的发布。该机构开发的海啸早期预警系统，与各府的预警系统相联通，当灾害发生时，能迅速将预警信息传达给政府部门、学校、医院和警察局等机构。同时，灾害预警中心还与美国太平洋海啸预警中心和日本气象协会建立了相应合作关系，以提高对灾害的监测预警能力。2004 年印度洋地震后，政府在受海啸影响严重的 6 个府设立了 77 座预警站，并计划在沿海地区增设 48 座预警站。考虑到泰国洪水和山体滑坡多发的特点，政府还在全国设立了 144 座提供洪水及泥石流灾害预警的站点。

5.4.2　主要水利工程

5.4.2.1　普密蓬大坝（Bhumibol Dam）

普密蓬大坝（见图 5 - 7）位于来兴府的山区，在设计阶段初定名为央赫大坝（Yanhi Dam），为纪念泰国国王阿杜德·普密蓬，1957 年改为现名。大坝于 1958 年开始修建，1964 年完工，耗资 35 亿泰铢，是泰国最早的多目标水电工程。

图 5 - 7　普密蓬大坝

（图片来源：Wikipedia）

大坝位于湄公河上游支流平河的流域范围内，坝高 154 米，长 486 米，宽 8 米，是一座混凝土拱坝。形成的水库总库容约 134.6 亿立方米，其中有效库容（Active capacity）97.6 亿立方米，水库表面积约 300 平方千米。大坝内还拥有 8 台混流式水轮机，从 1964 年开始安装，最新的 8 号机组于 1996 年完工。总装机功率为 743.8 兆瓦。大坝设计有抽水蓄能的功能，在非用电高峰时期，1 台额定功率为 175 兆瓦的机组将通过直径 4.5 米的压力钢管，将水流抽取至大坝上游。

普密蓬大坝是湄南河上游重要的水利工程，与难河的诗丽吉大坝（Sirikit Dam）合计控制了湄南河年径流量的 22%，在雨季为 120 万公顷、在旱季为 48 万公顷的土地提供灌溉用水。

5.4.2.2　诗丽吉大坝（Sirikit Dam）

诗丽吉大坝位于程逸府，湄南河支流难河的流域范围内，是一座土石坝，以泰国王后诗丽吉的名字命名。主要用于灌溉、防洪和水力发电，于 1968 年开始动工，1972 年完成。

诗丽吉大坝的坝高 113.6 米，长 800 米，宽 12 米。形成的诗丽吉水库总库容 95.1 亿立方米，其中有效库容 66.68 立方米，表面积 259 平方千米。拥有 4 台混流式水轮机，总装机容量 500 兆瓦。大坝设计有两条溢洪道，其设计泄洪能力为 3 250 立方米/秒。诗丽吉大坝水电站如图 5 - 8 所示：

图 5 - 8　诗丽吉大坝水电站

（图片来源：Wikipedia）

5.4.2.3　奇里塔恩（Khiritharn）抽水蓄能工程

奇里塔恩抽水蓄能发电站项目是泰国 EGAT 第二个地下发电计划项目，位于距曼谷东南处 220 千米的尖竹汶府山区，该项目实现了发电和灌溉供水两种用途，对泰国工业中心——东部沿海开发地区（ESDR）的电力供应起到非常重要的作用。

该工程主要结构包括一个高池，一个低池、地下发电站部分、水道隧道和竖井，以及其他隧道施工相关的道路和维护设施。高池通过开挖山顶修建，低池作为一个灌溉水库，由 60 米高的黏土心墙堆石坝构成。地下发电站部分在地下 390 米，包括发电厂、变压器大厅和阀室。发电站宽 17.5 米，高 45 米，长 95 米，水道总长度大约 4 千米，包括消防栓和尾水洞。

5.4.2.4　林塔孔大坝（Lam Takhong Dam）

林塔孔大坝位于泰国东北部呵叻府的林塔孔河上，修建于 1969 年，1974 年完工，是一座土石坝。最初设计时的功能为灌溉和供水，但 2002 年时政府对其进行改造，安装了 2 台 250 兆瓦的发电机组，使其成为泰国第一座具有抽水蓄能功能的电站。

大坝的坝高 40.3 米，长 251 米。水库总库容为 3.1 亿立方米，电站总装机容量为 500 兆瓦，有两条长 650 米、直径 6 米的钢管连接水库的上下游，当非用电高峰时，通过抽水蓄能的方式减少能源损耗。

参考文献

［1］世界银行．泰国［EB/OL］．（2017 - 02 - 28）［2017 - 05 - 21］．http：//data. worldbank. org. cn/country/thailand？ view = chart.

［2］中华人民共和国外交部．泰国国家概况［EB/OL］．（2016 - 12 - 30）［2017 - 05 - 15］．http：//www. fmprc. gov. cn/web/gjhdq_676201/gj_676203/yz_676205/1206_676932/1206x0_676934/.

［3］维基百科．拉玛五世［EB/OL］．（2017 - 05 - 25）［2017 - 05 - 27］．https：//zh. wikipedia. org/wiki/%E6%8B%89%E7%8E%9B%E4%BA%94%E4%B8%96.

［4］新华网．泰国概况［EB/OL］．（2014 - 12 - 02）［2017 - 03 - 21］．http：//news. xinhuanet. com/ziliao/2002 - 06/12/content_437388. htm.

［5］陈晖，熊韬．泰国概论［M］．广州：世界图书出版广东有限公司，2012.

［6］百度百科．泰国［EB/OL］．（2017 - 02 - 28）［2017 - 04 - 21］．http：//baike. baidu. com/link？ url = wFNT2vWbDxL9d - sudCu08ZQI3QPw45WhvYn2LYGcOmlWm3

VTv7PnDhJlcspaMU5m0i6tGiUIDRdSRpg－KAvIMMM2OK1SJXFzkQ34piwaID_#10.

　　［7］维基百科. 泰国［EB/OL］.（2017－04－13）［2017－05－11］. https：//zh. wikipedia. org/wiki/% E6% B3% B0% E5% 9B% BD #. E8. A1. 8C. E6. 94. BF. E5. 8D. 80. E5. 8A. 83.

　　［8］维基百科. 泰国地理［EB/OL］.（2015－12－20）［2017－04－21］. https：//zh. wikipedia. org/wiki/% E6% B3% B0% E5% 9C% 8B% E5% 9C% B0% E7% 90% 86.

　　［9］NH B. IPCC default soil classes derived from the Harmonized World Soil Data Base（Ver. 1. 1）. Report 2009/02b［R］. Wageningen：Carbon Benefits Project（CBP）' and IS-RIC－World Soil Information，2010.

　　［10］World population review. Population of cities in Thailand（2017）［EB/OL］.（2017－02－21）［2017－06－01］. http：//worldpopulationreview. com/countries/thailand－population/cities/.

　　［11］中华人民共和国驻泰王国大使馆经济商务参赞处. 对外投资合作国别（地区）指南——曼谷［M］. 北京：商务部，2013.

　　［12］维基百科. 曼谷［EB/OL］.（2017－05－21）［2917－06－02］. https：//zh. wikipedia. org/wiki/% E6% 9B% BC% E8% B0% B7#. E7. BB. 8F. E6. B5. 8E.

　　［13］中国天气网. 泰国洪灾死亡人数上升至 708 人　3 人失踪［EB/OL］.（2011－12－15）［2017－06－01］. http：//www. weather. com. cn/index/gjtq/12/1572000. shtml.

　　［14］EM－DAT. Natural disasters in Vietnam［EB/OL］.（2017－01－25）［2017－05－14］. http：//www. emdat. be/database.

第 6 章　越南

6.1　国家简介

越南社会主义共和国（Socialist Republic of Vietnam），是东南亚的一个社会主义国家，简称为越南（Vietnam），首都为河内。越南位于中南半岛东部，西与老挝、柬埔寨相邻，北与中国接壤，总面积约 33 万平方千米，人口 8 784 万（2011 年）。全国形状呈现"S"形，南北两头较宽，中部较细，北部的红河三角洲和南部的湄公河三角洲是越南的两大平原，长山山脉横亘其间，连接这两大平原。越南有 3 000 余千米的海岸线，气候湿热，雨量充沛，具有丰富的自然资源，森林覆盖率约为 39%，是金丝楠木、沉香木等珍贵木材的重要产地。矿产资源的类别也十分丰富，主要包括铁、铝、锰、铬、煤、磷和近海油气等，其中铝、铁、煤的储量较大。

越南是一个以京族为主体民族的多民族国家，全国共有 54 个民族。京族，也称为越族，人口占全国总人口的 86%。其中人口超过 50 万的民族还包括傣族、华族、侬族、岱依族和芒族。官方语言为越南语，国内主要宗教包括佛教、天主教、道教、高台教与和好教等，信教人数占总人口数的 80% 以上。

越南是一个历史悠久的国家，公元前 214 年，秦始皇征南越，设象郡以管理今天越南北部和中部地区，由此开始了中国郡县时期。公元 968 年，丁部领平定十二使君之乱，建立大瞿越国，建都华闾（今宁平），向中国"称臣纳贡"，为越南独立建国之始。此后越南经历了丁朝、前黎朝、李朝、陈朝、胡朝、后黎朝、南北朝、西山朝和阮朝 9 个封建王朝。1858 年，法国入侵越南，越南逐渐沦为法国殖民地。1940 年 9 月，日本占领越南。1945 年日本投降，越南共产党领导"八月革命"，结束了阮朝的封建统治并建立越南民主共和国，而后法国和美国势力卷土重来，越共领导越南人民进行了 30余年的抗法及抗美斗争。1975 年 4 月 30 日，越南人民军攻占西贡（今胡志明市）。1976 年 7 月 2 日，统一的越南社会主义共和国成立。

1986 年开始，越南施行革新开放政策；2001 年，越共九大确定建立社
会主义市场经济体制。自革新开放以来，越南经济保持较快增长，经济总
量不断增大，各种经济成分发展逐渐协调，对外开放水平不断提高，基本
形成了以国有经济为主导、多种经济成分共同发展的格局[1]。

6.1.1　自然地理

越南地处中南半岛的东部，位于北纬 8°30′和 23°22′，东经 102°10′和
109°30′之间，北部与中国云南、广西相邻，东南面临中国南海，西部和西
南部与老挝和柬埔寨接壤。其中，越南—中国段边界长度约为 1 350 千米，
越南—老挝段边界长度约为 1 650 千米，越南—柬埔寨段边界长度约为 900
千米。越南地形狭长，南北长约 1 600 千米，东西宽 600 千米，最窄处仅
为 50 千米。

按照地形的标准，越南可以大致划分为 6 个地理区域，从北至南为越
北山地、红河平原、长山山脉、西原、中部沿海平原和湄公河三角洲[2]，
每个不同的地理区域在地形、气候、水文、土壤、植被和自然景观方面都
有所差异。

6.1.1.1　地形

总体上看，越南属于山地国家，全国约四分之三的国土为山地、丘陵
和高原。越南地势由西北向东南倾斜，越北和越西北多为山地，长山山脉
自北向南延伸至西原高原，形成了越南、老挝、柬埔寨三国间的边界。东
南沿海地区则多为平原，北部的红河平原和南部的九龙江平原（湄公河三
角洲）是越南境内最大的两个平原，也是著名的水稻种植区。

红河三角洲位于越南北部，面积约为 1.5 万平方千米。红河三角洲的
开发较早，历史悠久，人口密度大，是越南传统的聚居地，1975 年以前，
越南北部约 80% 的工业和 70% 左右的农业都集中分布在这一区域[3]。

越南的西北部和北部地区是山区，起自中国西藏和云南省的哀牢山绵
延向南，最终直到湄公河三角洲，构成了越南与老挝及柬埔寨的边界。越
南的第一高峰番西邦峰（Fansipan Peak）即位于西北山区，海拔 3 142 米。
南边的中部高原（西原）高低起伏，将狭窄的海岸平原分隔成许多一连串
的小块，这一地区在战略上非常重要，数百年来，作为湄公河三角洲的屏
障，是控制整个越南南部乃至中南半岛的要害。

在越南北部红河三角洲和南部湄公河三角洲之间，延伸着狭长而平坦的

沿海低地。在内陆一侧，是哀牢山脉沿海岸延伸，其支脉在几个地方延入海中。沿海则为狭长肥沃的土壤，越南中部的稻田多集中在这些低地平原上。

越南的最南端是湄公河三角洲，因湄公河在此有九个主要河口，故又称为九龙江平原。三角洲面积约 3.9 万平方千米[4]，地势低而平坦，平原内几乎所有区域的海拔都不超过 3 米，河网交叉纵横，形成繁忙的水道。湄公河携带的泥沙含量十分惊人，据越南当局初步估算，每年沉积物的体积约为 10 亿立方米，使湄公河三角洲每年向南海延伸 60~80 米。这些条件为湄公河三角洲大规模种植水稻创造了良好条件，约有 1 万平方千米的优质土壤被开垦为稻田，使该地区成为世界上最重要的水稻耕作区之一。

6.1.1.2　气候

越南全国位于北回归线以南，属于热带季风气候，年平均气温为 24.2℃，年平均降水量为 1 813 毫米，年平均日照为 1 200~1 900 小时。冬季季风通常从东北方沿着中国海岸，穿越北部湾吹来，因此，与夏季相比，越南大部分地区的冬季较为干燥。夏季潮湿的空气从西南方印度洋上吹向内陆，带来丰沛的降水。

越南国内的气温主要受地形影响，平原的年平均气温通常比山地和高原要高。平原地区的最冷月份一般是 12 月和 1 月，最低气温约 5℃，最热月份是 4 月，最高气温超过 35℃。而在一些山地地区，常年气温为 21℃~28℃，季节变化不显著。

越南的降水随地理分布呈现出不同的特点，全国年平均降水量为 1 500~2 000 毫米。平原地区为 1 500~2 500 毫米，山区一般在 2 000 毫米以上，其中富禄县和昆嵩省以北的地区可达 4 000 毫米，潘阳、潘切一带则不到 600 毫米。越南多年平均气温及降水量如图 6-1 所示。

因各地的纬度和地理状况的不同，不同地区有不同气候特点，大体上越南气候可以分为两个不同的气候区[5]：

（1）北方——海云山（HAI VAN）以北的省份，受到从亚洲陆地来的东北风及东南风影响，显示出具有明显春夏秋冬四个季节的热带季风气候。

（2）南方——海云山以南的省份，因受季风影响较少，其热带气候比较温和，四季高温，旱季与雨季的区别明显，大部分地区 5—10 月为雨季，11 月至次年 4 月为旱季。

此外，因地形结构的影响，越南还有其他不同小气候地区，有的地方呈温带气候，如老街省沙巴（SA PA）、林同省大乐（DA LAT），有的地方呈大陆性气候，如莱州省、山罗省等[6]。

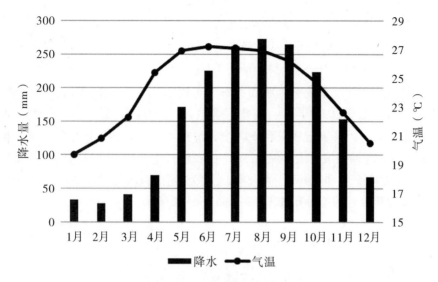

图 6 - 1　越南多年平均气温及降水量（1901—2015 年）

（资料来源：世界银行[7]）

6.1.1.3　地表覆盖与植被

越南主要土地利用类型（比例超过国土面积 1%）包括常绿阔叶林、农业镶嵌林、农田、热带多树草原、永久湿地、城镇用地和混合林，占国土总面积的百分比分别为 37.10%、21.46%、16.19%、16.16%、4.46%、1.13% 和 1.12%。

从空间分布上来看，城镇和农田主要位于北部的红河平原和南部的九龙江平原，这两个地区降雨充沛，灌溉便利，为农业生产提供了非常便利的条件。越南的西部和西北部山区多为森林覆盖，形成了丰富的生态系统。

6.1.1.4　土壤类型

按照联合国政府间气候变化专门委员会的一般土壤分类标准[8]，越南国内的主要土壤类型包括高活性黏土、低活性黏土、有机土、盐滩、湿地土壤和水体，占国土面积的百分比分别为 13.93%、73.32%、0.49%、0.93%、10.90% 和 0.45%。

6.1.2 行政区划

越南全国行政系统分为中央、省（直辖市）、县（市、郡）、乡（镇、坊）四级，截至 2010 年底，越南全国有省级行政区划 63 个，包括 58 个省和 5 个直辖市；县级行政单位 643 个，包括 47 个郡、43 个省辖县级市和 553 个县；省辖区域性中心城市 54 个；乡级行政单位 11 111 个，包括 624 个镇、9 084 个乡和 1 403 个坊（街区）[2]。越南省级行政区划的示意图和人口及面积统计数据分布如图 6-2 和表 6-1 所示。

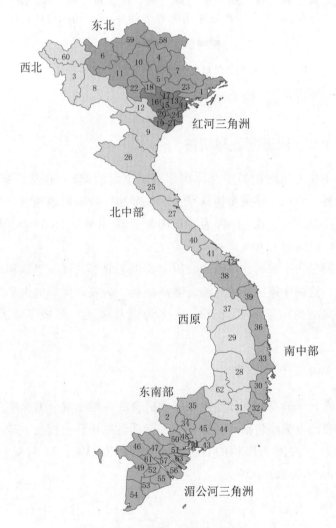

图 6-2　越南一级行政区划图

表 6-1　越南各省级行政区划数据统计

编号	中文名称	越南文名称	省会	2010 年人口	面积（平方千米）
1	广宁省	Tỉnh Quảng Ninh	下龙市	1 029 900	5 899
2	西宁省	Tỉnh Tây Ninh	西宁市	989 800	4 028
3	奠边省	Tỉnh Điện Biên	奠边府市	440 300	8 544
4	北泮省	Tỉnh Bắc Kạn	北泮市	283 000	4 795
5	太原省	Tỉnh Thái Nguyên	太原市	1 046 000	3 563
6	老街省	Tỉnh Lào Cai	老街市	616 500	8 057
7	谅山省	Tỉnh Lạng Sơn	谅山市	715 300	8 305
8	山罗省	Tỉnh Sơn La	山罗市	922 200	14 055
9	清化省	Tỉnh Thanh Hóa	清化市	3 509 600	11 106
10	宣光省	Tỉnh Tuyên Quang	宣光市	692 500	5 868
11	安沛省	Tỉnh Yên Bái	安沛市	699 900	6 883
12	和平省	Tỉnh Hòa Bình	和平市	774 100	4 663
13	海阳省	Tỉnh Hải Dương	海阳市	1 670 800	1 648
14	海防市（直辖市）	Thành phố Hải Phòng		1 711 100	1 503
15	兴安省	Tỉnh Hưng Yên	兴安市	1 091 000	928
16	河内市（直辖市）	Thủ đô Hà Nội		6 448 837	3 324.92
17	北宁省	Tỉnh Bắc Ninh	北宁市	957 700	804
18	永福省	Tỉnh Vĩnh Phúc	永安市	1 115 700	1 371
19	宁平省	Tỉnh Ninh Bình	宁平市	891 800	1 382
20	河南省	Tỉnh Hà Nam	府里市	800 400	849
21	南定省	Tỉnh Nam Định	南定市	1 916 400	1 637
22	富寿省	Tỉnh Phú Thọ	越池市	1 288 400	3 519
23	北江省	Tỉnh Bắc Giang	北江市	1 522 000	3 822
24	太平省	Tỉnh Thái Bình	太平市	1 814 700	1 542
25	河静省	Tỉnh Hà Tĩnh	河静市	1 284 900	6 056
26	义安省	Tỉnh Nghệ An	荣市	2 913 600	16 487
27	广平省	Tỉnh Quảng Bình	洞海市	812 600	8 025
28	多乐省	Tỉnh Đắk Lắk	邦美蜀市	1 667 000	13 062
29	嘉莱省	Tỉnh Gia Lai	波来古市	1 048 000	15 496
30	庆和省	Tỉnh Khánh Hòa	芽庄市	1 066 300	5 197

（续上表）

编号	中文名称	越南文名称	省会	2010 年人口	面积（平方千米）
31	林同省	Tỉnh Lâm Đồng	大叻市	1 049 900	9 765
32	宁顺省	Tỉnh Ninh Thuận	藩朗—塔占市	531 700	3 360
33	富安省	Tỉnh Phú Yên	绥和市	811 400	5 045
34	平阳省	Tỉnh Bình Dương	土龙木市	768 100	2 696
35	平福省	Tỉnh Bình Phước	同帅市	708 100	6 856
36	平定省	Tỉnh Bình Định	归仁市	1 481 000	6 076
37	崑嵩省	Tỉnh Kon Tum	崑嵩市	330 700	9 615
38	广南省	Tỉnh Quảng Nam	三岐市	1 402 700	10 408
39	广义省	Tỉnh Quảng Ngãi	广义市	1 206 400	5 135
40	广治省	Tỉnh Quảng Trị	东河市	588 600	4 746
41	承天顺化省	Tỉnh Thừa Thiên – Huế	顺化市	1 078 900	5 009
42	岘港市（直辖市）	Thành phố Đà Nẵng		715 000	1 256
43	巴地头顿省	Tỉnh Bà Rịa – Vũng Tàu	巴地市	839 000	1 975
44	平顺省	Tỉnh Bình Thuận	藩切市	1 079 700	7 828
45	同奈省	Tỉnh Đồng Nai	边和市	2 067 200	5 895
46	安江省	Tỉnh An Giang	龙川市	2 099 400	3 406
47	同塔省	Tỉnh Đồng Tháp	高岭市	1 592 600	3 238
48	胡志明市（直辖市）	Thành phố Hồ Chí Minh		5 378 100	2 095
49	坚江省	Tỉnh Kiên Giang	迪石市	1 542 800	6 269
50	隆安省	Tỉnh Long An	新安市	1 384 000	4 492
51	前江省	Tỉnh Tiền Giang	美荻市	1 635 700	2 367
52	后江省	Tỉnh Hậu Giang	渭清市	766 000	1 608
53	薄辽省	Tỉnh Bạc Liêu	薄辽市	756 800	2 521
54	金瓯省	Tỉnh Cà Mau	金瓯市	1 158 000	5 192
55	朔庄省	Tỉnh Sóc Trăng	朔庄市	1 213 400	3 223
56	茶荣省	Tỉnh Trà Vinh	茶荣市	989 000	2 226
57	永隆省	Tỉnh Vĩnh Long	永隆市	1 023 400	1 475
58	高平省	Tỉnh Cao Bằng	高平市	501 800	6 691
59	河江省	Tỉnh Hà Giang	河江市	625 700	7 884

（续上表）

编号	中文名称	越南文名称	省会	2010 年人口	面积（平方千米）
60	莱州省	Tỉnh Lai Châu	莱州市	227 600	7 365
61	芹苴市（直辖市）	Thành phố Cần Thơ		1 112 000	1 390
62	多农省	Tỉnh Đắk Nông	嘉义市	363 000	6 514
63	槟椥省	Tỉnh Bến Tre	槟椥市	1 308 200	2 287

（资料来源：越南统计局[9]）

6.1.3　重要城市

在行政规划上，越南国内有 5 个中央直辖市，包括河内市、胡志明市、岘港市、海防市和芹苴市，其中河内市和胡志明市为特别市。此外，截至 2017 年，越南共有 68 个省辖市[10]。现列举人口超过 30 万的城市，详细情况如表 6 - 2 所示。

表 6 - 2　越南主要城市简况

编号	城市	中文译名	所属大区	面积（平方千米）	人口（2015 年）
1	Ho Chi Minh City	胡志明市	直辖市	2 095.5	8 146 300
2	Hanoi	河内市	直辖市	3 324.5	7 216 000
3	Haiphong	海防市	直辖市	1 527.4	1 963 300
4	Cantho	芹苴市	直辖市	1 408.9	1 248 000
5	Danang	岘港市	直辖市	1 285.4	1 028 000
6	Biên Hòa	边和市	同奈省	264.07	1 104 495
7	Nha Trang	芽庄市	庆和省	251	392 279
8	Buôn Ma Thuôt	邦美蜀市	多乐省	370	340 000
9	Huế	顺化市	承天顺化省	83.3	333 715
10	Thái Nguyên	太原市	太原省	189.7	330 000
11	Vũng Tàu	头顿市	巴地头顿省	141.1	327 000
12	Qui Nhơn	归仁市	平定省	284.28	311 000

（资料来源：Wikipedia）

6.1.3.1　河内市

河内市是越南的首都，位于越南北部红河三角洲的西北部，地处红河与苏沥江（Sông Tô Lịch）之间，故得名"河内"，是越南的著名古都，从公元 11 世纪起就是越南的政治、经济和文化中心。河内市现下辖 12 个郡、1 个市和 17 个县，共计 30 个行政单位，人口超过 700 万（2015 年），大多数居民为越族。

河内市在地理上属于热带季风气候区，拥有分明的四季，年平均气温在 20℃到 25℃，年平均降水量为 1 676 毫米。夏季高温闷热，易发生暴雨，秋季多台风和洪涝灾害。

经济方面，工业和贸易是河内传统经济产业。1990—2003 年河内年平均工业生产总值增长率在 20％左右，目前已拥有 8 个大型工业园区，并有 5 个新工业园区正在建设当中。河内的工业体系相对较为完善，拥有机械、化工、纺织、制糖、卷烟等工业门类。贸易则是河内另一大支柱产业，2003 年河内拥有 2 000 余所贸易公司，与超过 150 个国家和地区建立了贸易关系。近年来，旅游、房地产和金融业在河内经济中所占比重也在逐步上升。

6.1.3.2　胡志明市

胡志明市原名"西贡"，在越南战争时期曾作为南越首都。越南统一后，为了纪念越南共产党领导人胡志明，改为现名。下辖 19 个郡和 5 个县，人口超过 800 万（2015 年），是目前越南最大的城市。西贡河穿过市区，使胡志明市成为繁华的商业港市。

胡志明市一年分为两个明显的季节，雨季为 5 月至 11 月，旱季为 12 月至次年 4 月，年平均气温 25℃~28℃，年平均降水量为 1 931 毫米。

胡志明市在越南国内经济发展中占有重要的地位，贡献了越南约 20％的国内生产总值和 27.9％的工业产值，其经济涵盖不同的领域。其中，服务业占经济比重的 51.1％，工业及建筑业占 47.7％，林业、农业和其他产业占 1.2％，许多大型企业和外国公司都在胡志明市设有公司或分部。

6.1.3.3　海防市

海防市是位于越南北部的海港城市，最初为法国殖民者于 19 世纪修建。目前下辖 6 个郡和 8 个县，拥有人口约 196 万（2015 年），是越南北部的文化、教育和贸易中心。城市面积总计约 1 527.4 平方千米，年平均气温 23℃～24℃，年平均降水量为 1 600～1 800 毫米。

海防市是越南乃至东南亚最大的海港城市之一，越南的海军司令部和海上警察总部均设于此。工业是海防主要的经济产业，包括食品加工、轻工业和重工业，主要工业门类包括造船、玻璃、塑料、纺织等。

6.1.3.4　岘港市

岘港市是一座海港城市，旧称土伦，于 1997 年正式成为越南的中央直辖市，是越南中部最重要的区域发展中心，对西原地区、柬埔寨东北部和老挝南部有一定的辐射带动作用。目前下辖 5 个郡和 1 个县，人口约 103 万（2015 年），城市面积 1 285.4 平方千米。年均气温约为 28℃，年平均降水量为 2 505 毫米，每年的 9 月和 10 月，是台风灾害的多发时期。

岘港拥有较为多元化的工业和贸易产业。工业主要门类包括机械、电力、化工、造船和纺织等，其中纺织品和水产品是大宗出口商品。

6.1.3.5　芹苴市

芹苴市位于越南南部的九龙江平原，距离胡志明市约 170 千米，于 2003 年成为越南的中央直辖市。下辖 4 个郡和 5 个县，人口约 125 万（2015 年），城市面积约 1 408.9 平方千米。年平均气温约为 27℃，年平均降水量为 1 635 毫米。

芹苴市是越南南部水陆交通枢纽，后江的多条支流在芹苴辖内汇合，水路可直达柬埔寨。

6.2　河流水系

6.2.1　概述

越南河流众多，据统计，10 千米以上的河流有 2 360 条，总长 4.1 万千米，每年总径流量达 3 100 亿立方米[11]。总体上来说，越南河流总径流量大、分布不均匀[2]，河流随着气候的雨季和旱季也分为丰水期和枯水期，丰水期的流量可占全年流量的 70%～80%。此外，河流的泥沙含量也很高，如红河雨季的含沙量可达 10 千克/立方米，每年向南海输沙约 2 亿吨。

　　越南的主要河流为红河和湄公河两大水系,其他较大的河流包括太平江、蓝江、马江、西贡河和巴江等。不同地区的河流也有不同特点,南部的湄公河平原地势平坦、河网密布;发源自西原西坡的河流一般流程较长,最终汇入同奈河和湄公河;西原东坡和长山北段的河流一般流程较短,落差较大,直接入海;越北山区的河流则流程较长,且多数汇入红河。越南境内丰富的河网和充足的水量,为农田灌溉、交通运输、水产养殖和水电开发带来了巨大便利。越南主要河流水系及部分重要河流信息如图6-3和表6-3所示:

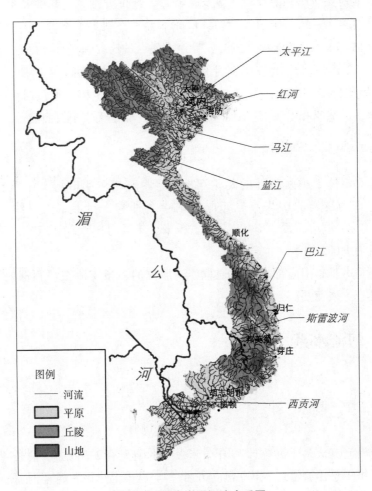

图6-3　越南主要河流水系图

表 6-3　越南部分重要河流

河流名称	中文译名	河长（千米）	流域面积（平方千米）
Sông Hồng	红河	1 135	151 976
Sông Thái Bình	太平江	100	—
Sông Mã	马江	400	28 400
Sông Chu	朱江	325	7 580
Sông Cả	蓝江	512	27 200
Sông Ba	巴江	374	13 900
Sông Sài Gòn	西贡河	256	5 000

6.2.2　红河

红河，又称珥河，是越南北部最大的水系。因流域内多红色砂页岩地层，河水中夹带大量泥沙呈现红色，故称"红河"。红河流向呈西北—东南走向，全长 1 135 千米，其中中国境内长 627 千米，越南境内长 508 千米。流域面积 151 976 平方千米，其中中国境内 76 276 平方千米，越南境内 75 700 平方千米。流域分水岭高程 2 000~3 000 米，平均比降 3.9‰。全年径流不稳定，年平均流量 4 688 米/秒，雨季时高达 9 500 立方米/秒。红河下游水系河网密布，与太平江水系有支流相连，三角洲北侧的海防市为河内的外港[12]。

红河发源于中国云南，中国境内的上游河段也被称作"元江"，流至中国红河哈尼族彝族自治州境内后称"红河"，往东南流至河口进入越南，最后流入太平洋的北部湾。下游是著名的红河三角洲，长约 150 千米，宽约 80 千米，面积约 7 000 平方千米。地势平坦，大部分区域海拔高度不超过 3 米，许多地方甚至不到 1 米，这些地区人口稠密、农业发达，但也是容易发生洪水泛滥的地区，自古以来，控制洪水一直是红河三角洲经济发展的重要部分，当地建有许多堤防和运河以减轻红河泛滥造成的损失。红河的主要支流包括沱江和泸江，另有水道与北面太平江相连。

6.2.2.1　沱江

沱江（Sông Đà），因河水呈黑色又名"黑水河"，是红河右岸最大的支流。干流河长 910 千米，其中 473 千米位于中国境内，437 千米位于越南境内。沱江发源于中国云南，上游称把边江，和阿墨江汇流后称李仙江，在孟得附近流入越南后称为沱江。进入越南国境后，流经莱州省、山罗省及和平省，最终于富寿省越池市附近注入红河。沱江呈西北—东南流向，流量占红河的48%。由河口至源头两侧的主要支流依次为：南水河、美克河、南那河（藤条江）、南银河、小黑江、楠马河、土卡河、马泥河、阿墨江。

沱江两岸一般高出河面200～300米，局部可达700米，河谷狭窄幽深，水能资源丰富，主要水利工程包括和平市附近的沱江综合水利工程及和平水电站[13]。

6.2.2.2　泸江

泸江（Sông Lô），是红河左岸的最大支流。发源于中国云南省开远市，在中国境内称盘龙江，进入越南境内后称明江，与锦江汇合后称为泸江，在越池附近注入红河。河流长度470千米，其中越南境内长280千米。流域面积约39 000平方千米[14]。

6.2.3　太平江

太平江为越南北部的一条河流，上游为梂江和沧江，两条河在太平省太瑞县境内汇合后称太平江。太平江流经太平、北江、北宁、海阳、海防等地，最后在海防市永宝县注入中国南海。全长100千米。太平江水系的下游与红河水系纵横交错，创造了肥沃的红河三角洲。主要支流包括梂江、沧江和登河。

6.2.3.1　梂江

梂江（Sông Cầu）是越南北部的一条河流，又名市球江、月德江、如月江、富良江。发源于北洴省屯市县境内的山麓，流经北洴、太原、北江、河内、北宁等省市，与沧江在太平省泰瑞县境内汇合成为太平江。全长288千米，流域面积6 030平方千米。梂江是河内北部的重要屏障之一，历史上曾多次发生战争。

6.2.3.2　沧江

沧江（Sông Thương），也译作"上江"，是太平江右岸的一条支流。发源于谅山省支棱县，流经北江市、安勇县，至化乃（Phả Lại）附近与梂江汇合，成为太平江。干流河长 157 千米，流域面积 6 640 平方千米。

6.2.4　湄公河

湄公河是东南亚最大的河流，也是亚洲第七长河，世界第十二长河。发源于中国青藏高原，而向南流经中国云南省，于云南西双版纳傣族自治州辖内流出中国，在中国境内通常称为"澜沧江"，出境后称为"湄公河"，流经缅甸、老挝、泰国、柬埔寨和越南，在越南入海。河流总长约 4 350 千米，流域面积约 79.5 万平方千米，年平均径流量为 1.6 万立方米/秒。

洞里萨河（Tonlé Sap River）和湄公河干流于柬埔寨首都金边（Phnom Penh）短暂汇合，而后又迅速分为两条平行的河流，东面的河流为湄公河干流，在越南称为前江（Sông Tiền），西面为湄公河支流，称为后江（Sông Hậu）。两河间水系繁多，运河发达，形成湄公河三角洲。前江在入海前形成众多支流，包括巴莱河（Sông Ba Lai）、合罗河（Sông Ham Luong）和古毡河（Sông Co Chien）等。

湄公河三角洲也称为九龙江三角洲，面积约为 3.9 万平方千米，约有 260 万公顷的农业用地，大部分为水稻种植用地，占越南全国谷物用地的 47%。同时，该地区也是重要的渔业和工业基地。

6.2.5　马江

马江是一条流经老挝和越南的河流。马江有两个源头，一个源头位于越南奠边省南部的巡教山（núi Tuần Giáo），发源后向东南流入老挝，复流入越南境内。第二个源头位于老挝的巴布绍山（Bambusao），后流入越南。马江流经越南清化省后，与朱江（Sông Chu）汇合，再分为两支流入北部湾，北支称捷江（Sông Lèn），南支称马江。

马江河流长度约为 400 千米，流域面积 28 400 平方千米，其中越南境内的有 17 600 平方千米。年平均流量为 52.6 立方米/秒，平均海拔 762 米。主要支流有朱江（Sông Chu）和柚江（Sông Bưởi），两条河流都与马江汇合于清化省境内。

6.2.5.1　朱江

朱江为一条流经老挝和越南边境的河流。发源于老挝华潘省省会桑怒附近的华峰，向东流入越南的义安省及清化省，最终在绍化县注入左侧的马江。在老挝境内称"南桑河"（Nam Sam）。干流河长约 325 千米，其中 160 千米在越南境内，165 千米在老挝境内。流域面积 7 580 平方千米，其中 3 010 平方千米在越南境内，4 570 平方千米在老挝境内[15]。

6.2.5.2 柚江

柚江（Sông Bưởi）发源于和平省境内，由西北向东南流，最终于清化省汇入马江。总长 130 千米，流域面积 1 790 平方千米。平均海拔 247 米，每年的汛期为 6—10 月，汛期水量可占全年水量的 80.4%，其中，9—10 月达到峰值，占年径流量的 27.9%。

6.2.6 蓝江

蓝江是一条流经老挝和越南的跨境河流。发源于老挝东北部，经老挝川圹省流入越南，又流经义安省、河静省，最终在越南北中部地区注入北部湾。干流河长 512 千米，其中越南境内约 300 千米。流域面积 27 200 平方千米，其中越南境内 17 730 平方千米。每年的雨季为 6—11 月，此时河流的径流量占年径流量的 74%～80%。主要支流包括孝河、颜秀河和南墨江。

颜秀河（Sông Ngàn Sâu）是一条位于蓝江下游的支流。发源于河静省和广平省交界的长山山脉。流域面积 3 214 平方千米，年平均流量 195 立方米/秒。汛期时间较短，为每年的 5 月到 9 月，汛期流量占全年流量的 56%～57%。

6.2.7 巴江

巴江（Sông Ba，也作 Sông Đà Rằng）是越南中部沿海地区最大的一条河流，流域范围包括崑嵩、嘉莱、多乐和富安四个省份。发源于崑嵩省，在绥和市附近入海。河长 374 千米，流域面积约 13 900 平方千米。主要支流包括阿云河（Sông Ayun）、颂兴河（Sông Hinh）和颂广河（Sông Krong H'Năng）。

6.2.7.1 颂兴河（Sông Hinh）

颂兴河发源于多乐省的楚山（Chư H'Mu），流向由西北向东南，于富安省汇入巴江。河长 88 千米，流域面积 1 040 平方千米。河上建有颂兴河水电站（Thủy điện sông Hinh），该工程大坝的设计洪水位为 209 米，正常高水位为 196 米，库容 3.57 亿立方米，最大泄洪能力为 6.952 立方米/秒。发电机功率为 70 兆瓦，年额定发电量为 370 万千瓦时。

6.2.7.2　颂广河（Sông Krong H'Năng）

颂广河发源于富安省境内海拔 1 200 米的楚涂山（Chư Tun），河流长度约 130 千米。

6.2.8　西贡河

西贡河，是越南南部的河流。发源自柬埔寨东南部，流经越南第一大城市胡志明市，于湄公河三角洲东北 20 千米处流入中国南海。全长 256 千米，其中在市区的长度约 80 千米，年平均流量为 54 立方米/秒，流域面积约 5 000 平方千米。西贡河下游河网密布，支流众多，主要支流包括同奈河（Sông Đồng Nai）。

同奈河是西贡河的一条支流，河长 586 千米，流域面积 38 600 平方千米。

6.3　洪涝灾害及防洪措施

6.3.1　灾害损失

越南是一个自然灾害频发的国家，主要自然灾害种类有干旱、洪水、山体滑坡、风暴等，近 50 年来越南发生的严重自然灾害的统计如表 6-4 所示。其中，洪水灾害和风暴（包括台风和强对流天气）是造成伤亡的主要灾害类型。1970—2016 年，越南发生严重洪水灾害 82 起，占所有严重灾害总数的 41.6%，死亡 5 802 人，占 22.9%，受灾约 3 321.7 万人，占 37.2%，经济损失 47.1 亿美元，占 24.8%。从各方面而言，洪水灾害都是仅次于风暴的第二大自然灾害。

就严重洪水灾害本身而言，越南发生严重洪水灾害的频率和损失随着时间推移是逐年上升的（见表 6-5）。1960—1990 年，约 2～3 年发生一次洪水灾害，由于当时越南发展程度较低，防洪工程较为缺乏，一且发生特大洪水，人员伤亡十分惨重，如 1964 年、1970 年和 1986 年发生的大洪水，死亡人数均超过 100 人。20 世纪 90 年代至 21 世纪初，越南处于"革新开放"的高速发展时期，社会经济急速发展和人口增加使严重洪水灾害的发生次数猛增，平均一年发生 1～2 起严重洪水灾害，而防洪工程建设的相对落后，又使这一时期的洪水灾害造成的损失更为严重，如 1994 年发生在南部湄公河三角洲的洪水造成 310 人死亡，经济损失约 2.06 亿美元；1999 年，越南中部百年一遇的特大洪水死亡 622 人，经济损失 2.37 亿元。自 2002 年到 2016 年，尽管严重洪水灾害发生的次数仍然在上升，达到平均一年 3～4 次，但随着防洪体系建设和相关防灾减灾机制的完善，伤亡严重的洪水事件开始减少，这一时期未发生死亡超过 100 人以上的洪水灾害。

洪水灾害多集中于人口稠密的平原地区，特别是早期防洪措施不发达的时期。在 20 世纪内，红河和太平江水系共发生了 26 场大型洪水[16]，其中最大的一场发生在 1971 年，1945 年则是排名第二的大洪水。1971 年洪水发生时，河中洪水的水位比堤岸外农田高 5～10 米。在 1900—1945 年的 45 年之间，有 18 年发生过溃堤，导致农田减产。在 1945 年的大洪水中，河堤系统出现溃堤达 79 处，11 个省份发生洪水，312 000 公顷的农田被淹没，约 400 万人受灾。1971 年洪水在 3 个主要河段发生了溃坝，洪水淹没了 250 000 公顷农田，约 270 万人受灾。而另一个重要平原湄公河平原，于 1961 年、1966 年、1978 年、1984 年、1991 年、1995 年、1996 年发生大洪水[16]，每次洪水都造成几乎几十万公顷的农田被破坏。

表 6-4　越南自然灾害损失（1960—2016 年）

灾害种类	发生次数	死亡人数	受灾人数	经济损失（亿美元）
干旱	6	0	7 860 000	73.9
洪水	82	5 802	33 216 943	47.1
山体滑坡	6	330	39 074	0.023
风暴	102	19 158	48 307 348	69
森林大火	1	0	0	—

（资料来源：EM-DAT[17]）

表 6 – 5　越南洪水灾害损失（1960—2016 年部分年份）

年份	发生次数	死亡人数	受伤人数	受灾人数	经济损失（万美元）
1964	1	400	—	—	—
1966	1	31	—	195 902	1 000
1970	1	237	—	204 000	—
1978	1	74	—	4 079 000	—
1980	1	94	—	628 000	—
1984	1	33	—	38 000	—
1985	1	93	—	2 800 000	—
1986	1	165	—	—	—
1990	1	82	200	10 200	72. 5
1991	3	195	14	295 614	4 670
1992	2	56	10	109 698	4 770
1993	1	64	—	15 000	1 000
1994	1	310	—	382 000	20 600
1995	1	253	—	400 000	8 600
1996	2	222	—	375 000	15 140
1998	1	45	5	32 505	1 370
1999	3	789	576	5 783 281	30 950
2000	2	496	7	5 025 007	26 500
2001	4	339	6	1 608 451	8 870
2002	3	147	116	1 431 816	8 410
2003	3	128	63	416 823	10 500
2004	3	96	18	35 018	800
2005	5	192	3	92 393	5 400
2006	5	178	120	52 120	900
2007	5	230	172	962 172	79 000
2008	5	157	4	632 504	48 300
2009	2	37	—	740 000	—
2010	4	186	83	1 489 833	66 020
2011	3	122	14	1 361 584	21 900. 2
2012	1	34	40	17 540	3 000
2013	6	141	66	2 161 001	7 850
2015	2	34	—	15 100	20 400
2016	6	142	46	1 827 381	74 928

（资料来源：EM – DAT[17]）

6.3.2　近年来典型洪涝灾害

越南近年部分发生的洪水灾害如表 6-6 所示，另外选取了几场典型洪水作案例分析，这些案例都能在一定程度上反映越南的洪涝灾害特点。

表 6-6　近年来越南部分洪涝灾害简况（2010—2016 年）

时间	发生地点	损失	主要说明
2010.10.01	越南北部	84 人死亡，约 67 万人受灾，经济损失约 1.4 亿美元	暴雨引发骤发洪水
2012.09.02	宁平省、河静省、清化省	34 人死亡，约 1.7 万人受灾，经济损失 3 000 万美元	河道洪水
2013.08.01	越南北部	5 人死亡，3 762 公顷农田和 226 栋房屋被破坏	台风"飞燕"导致骤发洪水，泰国和缅甸的部分地区也受到影响
2013.09.04	越南北部	8 人死亡，10 人失踪，14 人受伤，约 11 万人受灾，1 700 公顷土地遭到破坏	突发暴雨致涝，最大 24 小时降水量达 170 毫米，次生灾害包括山体滑坡
2013.09.24	越南中部	20 人死亡，6 人失踪，5 000 栋房屋和 2 500 公顷农田被破坏，约 6 000 人紧急撤出	暴雨致涝
2013.11.14	越南中部	41 人死亡，74 人受伤，8 万人紧急撤离，40 万户家庭受灾	台风"杨柳"导致骤发洪水，广南省、广义省、富安省受灾严重，其中广义省 24 小时最大降水量达 700 毫米

（续上表）

时间	发生地点	损失	主要说明
2014.07.15	越南北部	27 人死亡，2 人失踪，5 500 人紧急撤离，约 6 000栋房屋被淹没，部分重要道路中断	台风"威马逊"袭击越南北部省份，部分山地区域降水量达 200 毫米，引发山体滑坡和河道洪水
2014.08.12	莱州省	6 人死亡	暴雨致涝，莱州省部分地区最大 24 小时降水量达 101 毫米
2014.11.12	金瓯省	约 3 000 公顷农田被洪水淹没	海水满潮导致部分沿海及河岸农田被淹没
2015.06.24	山罗省	7 人死亡，4 人失踪，23 栋房屋被破坏	台风"鲸鱼"带来的暴雨导致河道水位暴涨
2015.07.25	广宁省	15 人死亡，2 800 栋房屋被破坏	暴雨致涝
2016.08.02	河内	5 人死亡，7 人失踪，约 1 000 栋房屋被破坏	台风"妮妲"引起暴雨及山体滑坡，红河水位暴涨，老街市监测到最大 24 小时降水量 71 毫米
2016.10.13	越南中部	24 人死亡，5 人失踪，19 人受伤，1 500 公顷农田被淹没	暴雨导致部分河流水位暴涨，争江最大水位达 9.2 米

6.3.2.1 胡志明市"13·11"洪水（2013 年 11 月 29 日）

西贡河受到海潮影响，引发胡志明市内的内涝。在 11 月 28—29 日，河水的最高潮位达到 1.61 米，在当地的预警系统中已超过 3 级预警，市内部分地区积水达到 0.5 米（见图 6-4）。胡志明市地处湄公河三角洲，易遭受海潮的影响。

图 6 - 4　胡志明市内街道积水

（图片来源：Tuoitre News）

6.3.2.2　越南北部"13·11"洪水（2013 年 11 月 10 日）

台风"海燕"在对菲律宾造成严重伤亡后，继续穿过中国南海，于 11 月 10 日在越南东北部的广宁省登陆，登陆前中心风力达到 122 千米/小时，由此给整个越南北部和中国广西壮族自治区带来暴雨（见图 6 - 5）。越南北部部分省份记录到最大 24 小时降水量为 50～80 毫米，造成 4 人死亡。中国北海市最大 24 小时降水量达 373 毫米，约 4 万人被重新安置。台风于 11 日继续向北运动，逐渐减弱为热带低压。

图 6 - 5　台风"海燕"逼近越南

（图片来源：NASA）

6.3.2.3　越南北部"15·07"洪水（2015 年 7 月 27 日）

越南北部突发暴雨致涝成灾，受灾省份包括北江省、高平省、谅山省、莱州省、广宁省等。由于部分降雨地区为山区，暴雨还引发了严重的山体滑坡和山洪，共造成 30 人死亡，超过 40 人受伤，112 栋房屋被完全摧毁，约 3 500 栋房屋被破坏，约 1 500 公顷农田被淹没（见图 6 - 6）。

图 6-6　被洪水淹没的村庄

（图片来源：越南自然资源与环境部）

6.3.3　洪涝灾害成因

越南是一个受到东南亚季风严重影响的热带国家，年平均降水量约为1 500~2 000毫米，约有59%的陆地面积及71%的人口生活在台风及洪水的威胁下[18]，大约80%的降水发生在夏季。

河道洪水是越南洪水灾害的主要类型。越南河流总长约为2.5千米，全国有三条主要水系，包括北部的红河水系、中部的海岸水系和南部的湄公河水系。北部的河流发源自山区，大多数水流湍急。中部河流则又短又急。而南部河流则大多平缓。一到雨季，几乎所有河流都会发生不同程度的泛滥，特别是一些大河，例如北部的红河和南部的湄公河，发源于邻国境内，在越南境内入海，容易发生区域性的洪水灾害。

引起洪水灾害的因素有很多，包括自然因素和人为因素。降水、潮汐影响、台风及热带低压是主要的自然因素，森林砍伐是主要的人为因素[19]。

越南深受台风灾害的影响，北部和中部地区一年平均有 4 ~ 6 场台风，当台风遇到雨季水位上升的时候，发生洪水灾害的风险会大大增加。而南部地区，平均每 5 年会有一场能越过山区而影响到湄公河平原的强台风，这将对湄公河流域的老挝、柬埔寨和越南南部造成严重灾害。台风引起的暴雨，除了会引发河道洪水，还有可能引发山体滑坡、山洪和泥石流等次生灾害。在沿海地区引发的风暴潮，也会使河口和海岸水位上升，增加港口、沿海城市及农田受灾的可能。

潮汐是另一个重要因素，特别对越南南部地区而言。湄公河三角洲地势低洼，许多地区海拔高度不足 1 米，且河网密集，上溯的海潮常常引发海岸洪水，对岸边的农田和城市产生威胁。

6.3.4 洪水管理及救援机构

越南在各级行政区划都设有相应的洪水管理机构。中央为国家搜救委员会（National Committee for Search and Rescue，NCSR）和中央洪水及台风控制委员会（Central Committee for Flood and Storm Control，CCFSC）。这两个委员会包括许多中央部门，如国防部（Ministry of Defence，MOD）、农业和农村发展部（Ministry of Agriculture and Rural Development，MARD）。CCFSC 和 NCSR 主要负责政策实行和指导，包括灾前、救灾和灾后工作中的重大决策，而军队则负责在重大灾害发生时进行救援。

省级行政单位下，有省级洪水及台风控制和搜救委员会（Provincial Committee for Flood and Storm Control and Search and Rescue，PCFSCSR）负责本省的防洪工作。委员会一般由省人民议会的议长担任，成员则包括省级武装部门和省属农业厅等。相似的管理结构也存在于乡级和更下级的社区级。

以上提及的洪水管理机构主要侧重于洪水和台风管理，但因越南尚未建立一个负责所有自然灾害管理的机构，因此他们也负责其他自然灾害，如地震、海啸、台风和山体滑坡的管理。总而言之，各级的洪水和搜救委员会负责协调各成员部门的工作，并在灾害发生时启动紧急响应。其中，省级和区级的委员会会在雨季后解散。

在国家层面上，与救灾和预警有关的技术部门主要是农业和农村发展部（MARD），它通常负责关于堤岸管理政策的制定、洪水预防与紧急响应、防灾减灾政策执行的监管等。MARD 下属有堤岸管理和洪水及台风控制司（Dyke Management and Flood and Storm Control Department，DMFSC）

和水资源局（Water Resources Directorate），前者负责洪水及台风灾害的管理，后者则侧重水资源管理。此外，MARD 还与规划投资部（Ministry of Planning and Investment，MPI）一起负责分配各级政府用于洪水及台风管理的专项资金。

对受灾群众的紧急救助一般由政府当局和社会组织完成，主要通过越南祖国战线（Vietnam Fatherland Front）和越南红十字会（Vietnam Red Cross）。而当灾害特别严重时，政府会对特定受灾人群如农民，发放补贴。

6.3.5　主要水利工程

6.3.5.1　和平大坝（Hòa Bình Dam）

和平大坝位于越南北部红河支流沱江上，距离河内约 70 千米。由苏联援建，动工于 1982 年，1994 年完工，是越南乃至东南亚地区最大的水电站之一。大坝兼具防洪、灌溉、发电、航运等多种功能。大坝的建成运行极大地改善了红河下游地区的防洪形势，提升了枯水期的航道深度。

主要建筑设施包括大坝、水电站、溢洪道和通航设施等，大坝为土石坝，坝顶高程 133 米，顶宽 12 米，长 738 米，轴线微向上游弯曲，半径 530 米，坝体积 2 135 万立方米，坝址控制流域面积 52 600 平方千米。

形成的水库最大蓄水高度 125 米，最高水位 130 米，死水位 90 米，最大蓄水量 90 亿立方米，有效库容 56.5 亿立方米。设计洪水十年一遇流量为 14 690 立方米/秒，百年一遇为 21 600 立方米/秒，千年一遇为 37 800 立方米/秒。

溢洪坝布置在左岸岩坡上。共有 12 个泄水底孔，孔底高程 65 米，孔口尺寸为 6 米×10 米，可以泄百年一遇的洪水。顶部有 6 个表面溢流孔，堰顶高程 112 米，孔口尺寸为 15 米×15 米，用于泄特大洪水。

水电站布置在左岸，为地下厂房，主厂房长 264.5 米，宽 19.5 米，高 56.5 米。主厂房装有 8 台 24 万千瓦的混流式水轮发电机组，转轮直径 5.67 米，水轮机由 8 条直径为 8 米的压力管道供水。水轮机尾水是通过两个相互独立的尾水系统下泄的，第一期两台机组尾水通过连接隧洞进入导流隧洞，然后进入溢洪道尾水渠。后 6 台机组每 2 台用一条尾水隧洞，通过 3 条尾水隧道与水电站尾水渠相连。图 6-7 为和平大坝一角。

图6-7　和平大坝

（图片来源：越南国家大坝与水资源发展委员会，VNCOLD）

6.3.5.2　山罗水电站（Sơn Lahydroelectric power station）

山罗水电站位于红河的支流黑河上，属于越南西北部山罗省辖内，是东南亚最大的水电站。该项目最初于20世纪70年代由莫斯科水电工业研究所提出，后经日本、俄罗斯、瑞典等国相关机构进行了若干研究，最终于2002年12月由越南批准，2005年12月动工，2012年12月完成，工程耗资为20亿美元。

山罗水电站是一座混凝土重力坝，坝高138米，长度超过1 000米，形成水库的总库容约为31亿立方米，水库表面积为440平方千米。水电站拥有六台功率为400兆瓦的涡轮机，总装机容量为2 400兆瓦，年发电量10 246亿瓦时。同时，因修建水电站移民超过9.1万人，是越南迄今为止最大的移民安置工作。图6-8为山罗水电站3D示意图。

图6-8　山罗水电站3D示意图

（图片来源：越南国家大坝与水资源发展委员会，VNCOLD）

6.3.5.3　莱州大坝（Lai Châu Dam）

莱州大坝位于越南西北部的莱州省境内的黑河上，由俄罗斯设计，于2011年1月5日动工，已于2016年12月20日完工，总耗资约18亿美元。工程设计有三台功率为400兆瓦的混流式涡轮机，总装机容量为1 200兆瓦，预计建成后，每年将提供4 670亿瓦时的电力，届时将成为越南国内第三大水电站。图6-9为建设中的莱州大坝。

图6-9　建设中的莱州大坝
（图片来源：越南国家大坝与水资源发展委员会，VNCOLD）

参考文献

［1］中华人民共和国外交部．越南国家概况［EB/OL］．（2016-12-01）［2017-03-09］．http：//www. fmprc. gov. cn/web/gjhdq_676201/gj_676203/yz_676205/1206_677292/1206x0_677294/.

［2］兰强，徐方宇，李华杰．越南概论［M］．广州：世界图书出版广东有限公司，2012.

［3］维基百科．越南地理［EB/OL］．（2014-03-30）［2017-03-02］．https://zh. wikipedia. org/wiki/%E8%B6%8A%E5%8D%97%E5%9C%B0%E7%90%86.

［4］维基百科．湄公河三角洲［EB/OL］．（2016-10-30）［2017-03-02］．https：//zh. wikipedia. org/wiki/%E6%B9%84%E5%85%AC%E6%B2%B3%E4%B8%89%E8%A7%92%E6%B4%B2.

［5］越南社会主义共和国中央政府门户网站．越南地理简介［EB/OL］．（2005-

07 – 25）［2017 – 03 – 01］. http：//cn. news. chinhphu. vn/StaticPages/dialy. html.

　　［6］越南社会主义共和国中央政府门户网站. 越南历史［EB/OL］. （2005 – 07 – 25）［2017 – 03 – 01］. http：//cn. news. chinhphu. vn/StaticPages/lichsu. html.

　　［7］世界银行. Average monthly temperature and rainfall for Vietnam from 1901 – 2015 ［EB/OL］. （2017 – 01 – 04）［2017 – 06 – 07］. http：//sdwebx. worldbank. org/climate-portal/index. cfm？ page = country_historical_climate&ThisCCode = VNM.

　　［8］NH B. IPCC default soil classes derived from the Harmonized World Soil Data Base （Ver. 1. 1）. Report 2009/02b ［R］. Wageningen：Carbon Benefits Project （CBP） and IS-RIC – World Soil Information, 2010.

　　［9］越南统计局. Area, population and population density by province ［EB/OL］. （2016 – 01 – 22）　［2017 – 03 – 13］. https：//www. gso. gov. vn/default_en. aspx？ tabid = 774.

　　［10］Wikipedia. List of cities in Vietnam ［EB/OL］. （2017 – 04 – 21）［2017 – 05 – 21］. https：//en. wikipedia. org/wiki/List_of_cities_in_Vietnam.

　　［11］越南社会主义共和国中央政府门户网站. 越南地理简介［EB/OL］. （2005 – 07 – 29）［2017 – 03 – 10］. http：//cn. news. chinhphu. vn/StaticPages/dialy. html.

　　［12］百度百科. 红河［EB/OL］. （2016 – 11 – 30）［2017 – 03 – 06］. http：//baike. baidu. com/item/%E7%BA%A2%E6%B2%B3/3039469#ref_[1]_5088577.

　　［13］百度百科. 沱江［EB/OL］. （2016 – 03 – 18）　［2017 – 03 – 14］. http：//baike. baidu. com/link？ url = QDgPGH_ECIcbnRXT4g_xMWovho – pthTn ExQXg NS3SMkpffPaa9olC8eS3aHa7cMnV4f62NcDW7OXhHF2JDdCIaPitkrOANRoo 471 – hMWz8u.

　　［14］维基百科. 泸江（红河）［EB/OL］. （2015 – 09 – 24）［2017 – 03 – 14］. https：//zh. wikipedia. org/wiki/%E7%80%98%E6%B1%9F_（%E7%B4%85%E6%B2%B3）.

　　［15］维基百科. 朱江（越南）［EB/OL］. （2015 – 06 – 13）［2017 – 03 – 14］. https：//zh. wikipedia. org/wiki/%E6%9C%B1%E6%B1%9F_（%E8%B6%8A%E5%8D%97）.

　　［16］Vietnam country report in 1999 ［EB/OL］. （2011 – 01 – 21）［2017 – 04 – 12］. http：//www. adrc. asia/countryreport/VNM/VNMeng99/Vietnam99. htm.

　　［17］EM – DAT. Natural disasters in Vietnam ［EB/OL］. （2017 – 01 – 25）［2017 – 05 – 14］. http：//www. emdat. be/database.

　　［18］世界银行. Weathering the storm：options for disaster risk financing in Vietnam ［R］. 世界银行, 2010.

　　［19］Flood in Vietnam ［EB/OL］. （2017 – 01 – 21）　［2017 – 05 – 21］. http：//www. adpc. net/igo/contents/iPrepare/iprepare – news_id. asp？ ipid = 223.